重庆交通大学规划教材

新时代
线性代数学习指导书

主编 赵磊娜 邱焕焕 张 玲

西安交通大学出版社
XI'AN JIAOTONG UNIVERSITY PRESS

图书在版编目(CIP)数据

新时代线性代数学习指导书 / 赵磊娜，邱焕焕，张玲主编. -- 西安 ：西安交通大学出版社，2024. 8.
ISBN 978 - 7 - 5693 - 3834 - 8
Ⅰ. O151. 2
中国国家版本馆 CIP 数据核字第 2024S0Z208 号

书　　名　新时代线性代数学习指导书
XINSHIDAI XIANXING DAISHU XUEXI ZHIDAOSHU
主　　编　赵磊娜　邱焕焕　张　玲
策划编辑　田　华
责任编辑　田　华
责任校对　魏　萍
封面设计　任加盟

出版发行　西安交通大学出版社
(西安市兴庆南路 1 号　邮政编码 710048)
网　　址　http://www.xjtupress.com
电　　话　(029)82668357　82667874(市场营销中心)
(029)82668315(总编办)
传　　真　(029)82668280
印　　刷　陕西奇彩印务有限责任公司

开　　本　787 mm×1092 mm　1/16　**印张** 6　**字数** 128 千字
版次印次　2024 年 8 月第 1 版　2024 年 8 月第 1 次印刷
书　　号　ISBN 978 - 7 - 5693 - 3834 - 8
定　　价　16.00 元

如发现印装质量问题，请与本社市场营销中心联系。
订购热线：(029)82665248　(029)82667874
投稿热线：(029)82669097　QQ：190293088
读者信箱：tianhua1126@xjtu.edu.cn

PREFACE
前言

本书是根据教育部大学数学课程线性代数的教学基本要求，并结合新时代大学生的学情特点而编写的一本线性代数学习指导书。本书参考了重庆交通大学近些年使用的线性代数教材，是重庆交通大学线性代数课程教学改革的系列成果之一。

本书共5章内容，每一章内容都分为学习目标、重要公式与结论、典型例题分析和独立作业四个部分。“学习目标”帮助学生明确教学的基本要求；“重要公式与结论”突出本章的重点与难点；“典型例题分析”示范解题思路，规范解题步骤，提高学生分析问题、解决问题的能力；“独立作业”部分包括基础练习、提高练习和考研连线，以满足不同层次学生的学习需求。

本书在内容上注重培养学生的数学思维，通过经典的例题分析，让学生掌握基本题型的解题方法和技巧；在习题上突出基础与提高并存。其中，“基础练习”体现课程学习的基本要求，强化学生对基本概念和思维方法的掌握；“提高练习”体现课程学习的挑战性，强化学生综合运用所学知识解决问题的能力；“考研连线”选取的是历年全国硕士研究生入学统一考试题，帮助学生更好地适应考研数学的题型和难度，为考研复习提供针对性地训练。

由于时间仓促和水平有限，书中难免有不妥和错误之处，衷心希望广大读者批评指正。我们期待本书能够成为新时代大学生学习线性代数的“良师益友”。

编者

2024年3月

CONTENTS

目 录

第 1 章　行列式

1.1　学习目标

1. 会求 n 元排列的逆序数。

2. 熟练掌握计算 2 阶和 3 阶行列式的对角线法则。

3. 深入理解行列式的定义。

4. 掌握行列式的性质，并会正确使用行列式的性质化简、计算行列式。

5. 灵活掌握行列式按行（列）展开。

6. 理解代数余子式的定义及性质。

7. 会用克拉默法则判定线性方程组解的存在性、唯一性及求出方程组的解。

1.2　重要公式与结论

1.2.1　n 阶行列式的定义

$$n \text{ 阶行列式 } D=\begin{vmatrix} a_{11} & a_{12} & \cdots & a_{1n} \\ a_{21} & a_{22} & \cdots & a_{2n} \\ \vdots & \vdots & & \vdots \\ a_{n1} & a_{n2} & \cdots & a_{nn} \end{vmatrix}=\sum_{(p_1 p_2 \cdots p_n)} (-1)^t a_{1p_1} a_{2p_2} \cdots a_{np_n}。$$

其中，$p_1 p_2 \cdots p_n$ 是 n 个数 $1,2,\cdots,n$ 的一个 n 元排列，t 是此排列的逆序数，$\sum$ 表示对所有 n 元排列求和，故共有 $n!$ 项。

1.2.2　n 阶行列式的性质

1. 行列式和它的转置行列式相等。

2. 行列式的两行（列）互换，行列式改变符号。

3. 行列式中某行（列）的公因子可提到行列式的外面，或若以一个数乘行列式等于用该数乘此行列式的任意一行（列）。

4. 行列式中若有两行（列）成比例，则该行列式为零。

5. 若行列式的某一行（列）的元素都是两数之和，则此行列式等于两个行列式之和，即

$$\begin{vmatrix} a_{11} & a_{12} & \cdots & a_{1n} \\ \vdots & \vdots & & \vdots \\ a_{i1}+b_{i1} & a_{i2}+b_{i2} & \cdots & a_{in}+b_{in} \\ \vdots & \vdots & & \vdots \\ a_{n1} & a_{n2} & \cdots & a_{nn} \end{vmatrix} = \begin{vmatrix} a_{11} & a_{12} & \cdots & a_{1n} \\ \vdots & \vdots & & \vdots \\ a_{i1} & a_{i2} & \cdots & a_{in} \\ \vdots & \vdots & & \vdots \\ a_{n1} & a_{n2} & \cdots & a_{nn} \end{vmatrix} + \begin{vmatrix} a_{11} & a_{12} & \cdots & a_{1n} \\ \vdots & \vdots & & \vdots \\ b_{i1} & b_{i2} & \cdots & b_{in} \\ \vdots & \vdots & & \vdots \\ a_{n1} & a_{n2} & \cdots & a_{nn} \end{vmatrix}$$

6.把行列式的某一行(列)的各元素乘以同一数然后加到另一行(列)对应的元素上去,行列式的值不变。

1.2.3 行列式按行(列)展开

设 D 为 n 阶行列式,则有

$$\sum_{k=1}^{n} a_{ik}A_{jk} = a_{i1}A_{j1} + a_{i2}A_{j2} + \cdots + a_{in}A_{jn} = \begin{cases} D & i=j \\ 0 & i\neq j \end{cases}。$$

其中,A_{ji} 是 a_{ji} 的代数余子式。

1.2.4 克拉默法则

1.如果非齐次线性方程组

$$\begin{cases} a_{11}x_1+a_{12}x_2+\cdots+a_{1n}x_n=b_1 \\ a_{21}x_1+a_{22}x_2+\cdots+a_{2n}x_n=b_2 \\ \cdots\cdots \\ a_{n1}x_1+a_{n2}x_2+\cdots+a_{nn}x_n=b_n \end{cases}$$

的系数行列式 $D\neq0$,则方程组只有唯一解。

若非齐次线性方程组有非零解,则其系数行列式 $D=0$。

2.如果齐次线性方程组

$$\begin{cases} a_{11}x_1+a_{12}x_2+\cdots+a_{1n}x_n=0 \\ a_{21}x_1+a_{22}x_2+\cdots+a_{2n}x_n=0 \\ \cdots\cdots \\ a_{n1}x_1+a_{n2}x_2+\cdots+a_{nn}x_n=0 \end{cases}$$

的系数行列式 $D\neq0$,则方程组只有唯一零解。

若齐次线性方程组有非零解,则其系数行列式 $D=0$。

1.2.5 一些常用的行列式

1.上、下三角形行列式等于主对角线上的元素的积。

$$\begin{vmatrix} a_{11} & a_{12} & \cdots & a_{1n} \\ 0 & a_{22} & \cdots & a_{2n} \\ \vdots & \vdots & & \vdots \\ 0 & 0 & \cdots & a_{nn} \end{vmatrix} = \begin{vmatrix} a_{11} & 0 & \cdots & 0 \\ a_{21} & a_{22} & \cdots & 0 \\ \vdots & \vdots & & \vdots \\ a_{n1} & a_{n2} & \cdots & a_{nn} \end{vmatrix} = \begin{vmatrix} a_{11} & 0 & \cdots & 0 \\ 0 & a_{22} & \cdots & 0 \\ \vdots & \vdots & & \vdots \\ 0 & 0 & \cdots & a_{nn} \end{vmatrix} = a_{11}a_{22}\cdots a_{nn}。$$

2. 设 $D_1=\begin{vmatrix} a_{11} & \cdots & a_{1k} \\ \vdots & & \vdots \\ a_{k1} & \cdots & a_{kk} \end{vmatrix}$，$D_2=\begin{vmatrix} b_{11} & \cdots & b_{1n} \\ \vdots & & \vdots \\ b_{n1} & \cdots & b_{nn} \end{vmatrix}$，则 $\begin{vmatrix} a_{11} & \cdots & a_{1k} & & & \\ \vdots & & \vdots & & 0 & \\ a_{k1} & \cdots & a_{kk} & & & \\ c_{11} & \cdots & c_{1k} & b_{11} & \cdots & b_{1n} \\ \vdots & & \vdots & \vdots & & \vdots \\ c_{n1} & \cdots & c_{nk} & b_{n1} & \cdots & b_{nn} \end{vmatrix}=D_1D_2$。

3. 范德蒙德行列式

$$\begin{vmatrix} 1 & 1 & \cdots & 1 \\ a_1 & a_2 & \cdots & a_n \\ \vdots & \vdots & & \vdots \\ a_1^{n-1} & a_2^{n-1} & \cdots & a_n^{n-1} \end{vmatrix} = \prod_{1\leqslant i<j\leqslant n}(a_j-a_i)。$$

1.2.6 计算行列式的常用方法

1. 利用对角线法则计算行列式，它只适用于 2、3 阶行列式。
2. 利用 n 阶行列式的定义计算行列式。
3. 利用行列式的性质化三角形法计算行列式。
4. 利用行列式按某一行(列)展开定理计算行列式。
5. 利用数学归纳法计算行列式。
6. 利用递推公式计算行列式。
7. 利用范德蒙德行列式的结论计算特殊的行列式。
8. 利用加边法计算行列式。
9. 综合运用上述方法计算行列式。

1.3 典型例题分析

例 1.1 下列排列中(　　)是偶排列。

(A)54312　　(B)51432　　(C)45312　　(D)654321

解 由排列的逆序数的计算方法知，排列 54312 的逆序数为 9；排列 51432 的逆序数为 7；排列 45312 的逆序数为 8；排列 654321 的逆序数为 15；故正确答案为(C)。

例 1.2 下列各项中，为某 5 阶行列式中带正号的项是(　　)。

(A)$a_{13}a_{44}a_{32}a_{41}a_{55}$　　(B)$a_{21}a_{32}a_{44}a_{15}a_{54}$　　(C)$a_{31}a_{25}a_{43}a_{14}a_{52}$　　(D)$a_{15}a_{31}a_{22}a_{44}a_{53}$

解 由行列式的定义知，每一项应取自不同行不同列的 5 个元素之积，因此(A)(B)不是 5 阶行列式的项，但(C)应取负号，故正确答案为(D)。

例 1.3 行列式 $D_1=\begin{vmatrix}\lambda & 0 & 1\\0 & \lambda-1 & 0\\1 & 0 & \lambda\end{vmatrix}$，$D_2=\begin{vmatrix}3 & 1 & 1\\2 & 3 & 2\\1 & 5 & 3\end{vmatrix}$，若 $D_1=D_2$，则 λ 的取值为（　　）。

(A)2，−1　　(B)1，−1　　(C)0，2　　(D)0，1

解 按 3 阶行列式的对角线法则得 $D_1=(\lambda+1)(\lambda-1)^2$，$D_2=0$。若 $D_1=D_2$，则 $(\lambda+1)(\lambda-1)^2=0$，于是 $\lambda=1,-1$，故正确答案为(B)。

例 1.4 方程组 $\begin{cases}\lambda x_1+x_2+x_3=1\\x_1+\lambda x_2+x_3=1\\x_1+x_2+\lambda x_3=1\end{cases}$ 有唯一解，则（　　）。

(A)$\lambda\neq-1$ 且 $\lambda\neq-2$　　(B)$\lambda\neq1$ 且 $\lambda\neq-2$

(C)$\lambda\neq1$ 且 $\lambda\neq2$　　(D)$\lambda\neq-1$ 且 $\lambda\neq2$

解 由克拉默法则知，当所给非齐次线性方程组的系数行列式不等于 0 时，该方程组有唯一解，于是令行列式

$$\begin{vmatrix}\lambda & 1 & 1\\1 & \lambda & 1\\1 & 1 & \lambda\end{vmatrix}=(2+\lambda)(\lambda-1)^2\neq0,$$

即 $\lambda\neq1$ 且 $\lambda\neq-2$，故正确答案为(B)。

例 1.5 $D=\begin{vmatrix}1 & 2 & 3 & 4\\2 & 3 & 4 & 1\\3 & 4 & 1 & 2\\4 & 1 & 2 & 3\end{vmatrix}=$（　　）。

分析 如果行列式的各行(列)数的和相同时，一般首先采用的是将各列(行)加到第 1 列(行)，提取第 1 列(行)的公因子，简称列(行)加法。

解 这个行列式的特点是各列 4 个数的和为 10，于是，各行加到第 1 行，得

$$D=\begin{vmatrix}1 & 2 & 3 & 4\\2 & 3 & 4 & 1\\3 & 4 & 1 & 2\\4 & 1 & 2 & 3\end{vmatrix}=\begin{vmatrix}10 & 10 & 10 & 10\\2 & 3 & 4 & 1\\3 & 4 & 1 & 2\\4 & 1 & 2 & 3\end{vmatrix}=10\begin{vmatrix}1 & 1 & 1 & 1\\2 & 3 & 4 & 1\\3 & 4 & 1 & 2\\4 & 1 & 2 & 3\end{vmatrix}=10\begin{vmatrix}1 & 1 & 1 & 1\\0 & 1 & 2 & -1\\0 & 1 & -2 & -1\\0 & -3 & -2 & -1\end{vmatrix}$$

$$=10\begin{vmatrix}1 & 1 & 1 & 1\\0 & 1 & 2 & -1\\0 & 0 & -4 & 0\\0 & 0 & 0 & -4\end{vmatrix}=160。$$

例 1.6 设 $f(x)=\begin{vmatrix} 2x & x & 1 & 2 \\ 1 & x & 1 & -1 \\ 3 & 2 & x & 1 \\ 1 & 1 & 1 & x \end{vmatrix}$,则 x^4 的系数为(　　),x^3 的系数为(　　)。

> **分析** 此类确定系数的题目,首先是利用行列式的定义进行计算。如果用定义比较麻烦,再考虑用行列式的计算方法进行计算。

解 从 $f(x)$的表达式和行列式的定义可知,只有主对角线的 4 个元素的积才能得出 x^4,其系数显然是 2。当第一行取 $a_{13}(=1)$或 $a_{14}(=2)$时,含 a_{13}或 a_{14}的行列式的项中是不出现 x^3 的,含 $a_{11}(=2x)$的行列式的项中也是不出现 x^3 的,于是含 x^3 的项只能是含 a_{12}、a_{21}、a_{33}、a_{44}的积,故 x^3 的系数为-1。

故答案为 2、-1。

例 1.7 设 $D=\begin{vmatrix} 1 & 2 & 3 & 4 & 5 \\ 1 & 1 & 1 & 2 & 2 \\ 3 & 2 & 1 & 4 & 6 \\ 2 & 2 & 2 & 1 & 1 \\ 4 & 3 & 2 & 1 & 0 \end{vmatrix}$,则(1)$A_{31}+A_{32}+A_{33}=$(　　);(2)$A_{34}+A_{35}=$(　　);(3) $A_{51}+A_{52}+A_{53}+A_{54}+A_{55}=$(　　)。

> **分析** 此类题目一般不宜算出表达式里每一项的值,而应注意观察要求的表达式的结构,充分利用按行(列)展开的方法,运用技巧来进行计算。

解 $A_{31}+A_{32}+A_{33}+2(A_{34}+A_{35})=\begin{vmatrix} 1 & 2 & 3 & 4 & 5 \\ 1 & 1 & 1 & 2 & 2 \\ 1 & 1 & 1 & 2 & 2 \\ 2 & 2 & 2 & 1 & 1 \\ 4 & 3 & 2 & 1 & 0 \end{vmatrix}=0$(第 2、3 行相等),

即$(A_{31}+A_{32}+A_{33})+2(A_{34}+A_{35})=0$。同理 $2(A_{31}+A_{32}+A_{33})+(A_{34}+A_{35})=0$。于是 $A_{31}+A_{32}+A_{33}=0$,$A_{34}+A_{35}=0$。

$$A_{51}+A_{52}+A_{53}+A_{54}+A_{55}=\begin{vmatrix} 1 & 2 & 3 & 4 & 5 \\ 1 & 1 & 1 & 2 & 2 \\ 3 & 2 & 1 & 4 & 6 \\ 2 & 2 & 2 & 1 & 1 \\ 1 & 1 & 1 & 1 & 1 \end{vmatrix}\xlongequal{r_4+r_2}\begin{vmatrix} 1 & 2 & 3 & 4 & 5 \\ 1 & 1 & 1 & 2 & 2 \\ 3 & 2 & 1 & 4 & 6 \\ 3 & 3 & 3 & 3 & 3 \\ 1 & 1 & 1 & 1 & 1 \end{vmatrix}=0。$$

故答案为 0、0、0。

例 1.8 计算 n 阶行列式 $D_n=\begin{vmatrix} 2 & 1 & 1 & 1 & \cdots & 1 \\ 1 & 2 & 1 & 1 & \cdots & 1 \\ 1 & 1 & 2 & 1 & \cdots & 1 \\ \vdots & \vdots & \vdots & \vdots & & \vdots \\ 1 & 1 & 1 & 1 & \cdots & 2 \end{vmatrix}$。

解法 1 利用行(列)加法

因为这个行列式的每一行的 n 个元素的和都为 $n+1$,所以将第 $2,3,\cdots,n$ 列都加到第一列上,得

$$D_n=\begin{vmatrix} n+1 & 1 & 1 & \cdots & 1 \\ n+1 & 2 & 1 & \cdots & 1 \\ n+1 & 1 & 2 & \cdots & 1 \\ \vdots & \vdots & \vdots & & \vdots \\ n+1 & 1 & 1 & \cdots & 2 \end{vmatrix}=(n+1)\begin{vmatrix} 1 & 1 & 1 & \cdots & 1 \\ 1 & 2 & 1 & \cdots & 1 \\ 1 & 1 & 2 & \cdots & 1 \\ \vdots & \vdots & \vdots & & \vdots \\ 1 & 1 & 1 & \cdots & 2 \end{vmatrix}$$

$$\xlongequal{r_i-r_1(i=2,3,\cdots,n)}(n+1)\begin{vmatrix} 1 & 1 & 1 & \cdots & 1 \\ 0 & 1 & 0 & \cdots & 0 \\ 0 & 0 & 1 & \cdots & 0 \\ \vdots & \vdots & \vdots & & \vdots \\ 0 & 0 & 0 & \cdots & 1 \end{vmatrix}=n+1。$$

解法 2 利用加边法

$$D_n=D_{n+1}=\begin{vmatrix} 1 & 0 & 0 & 0 & \cdots & 0 \\ 1 & 2 & 1 & 1 & \cdots & 1 \\ 1 & 1 & 2 & 1 & \cdots & 1 \\ 1 & 1 & 1 & 2 & \cdots & 1 \\ \vdots & \vdots & \vdots & \vdots & & \vdots \\ 1 & 1 & 1 & 1 & \cdots & 2 \end{vmatrix}\xlongequal{c_i-c_1(i=2,3,\cdots,n+1)}$$

$$\begin{vmatrix} 1 & -1 & -1 & -1 & \cdots & -1 \\ 1 & 1 & 0 & 0 & \cdots & 0 \\ 1 & 0 & 1 & 0 & \cdots & 0 \\ 1 & 0 & 0 & 1 & \cdots & 0 \\ \vdots & \vdots & \vdots & \vdots & & \vdots \\ 1 & 0 & 0 & 0 & \cdots & 1 \end{vmatrix}\xlongequal{r_1+r_2+\cdots+r_{n+1}}\begin{vmatrix} n+1 & 0 & 0 & 0 & \cdots & 0 \\ 1 & 1 & 0 & 0 & \cdots & 0 \\ 1 & 0 & 1 & 0 & \cdots & 0 \\ 1 & 0 & 0 & 1 & \cdots & 0 \\ \vdots & \vdots & \vdots & \vdots & & \vdots \\ 1 & 0 & 0 & 0 & \cdots & 1 \end{vmatrix}=n+1。$$

解法 3 利用行列式的性质

$$D_n=\begin{vmatrix}2&1&1&\cdots&1\\1&2&1&\cdots&1\\1&1&2&\cdots&1\\\vdots&\vdots&\vdots&&\vdots\\1&1&1&\cdots&2\end{vmatrix}\xlongequal{r_i-r_1(i=2,3,\cdots,n)}\begin{vmatrix}2&1&1&\cdots&1\\-1&1&0&\cdots&0\\-1&0&1&\cdots&0\\\vdots&\vdots&\vdots&&\vdots\\-1&0&0&\cdots&1\end{vmatrix}$$

$$\xlongequal{c_1+c_i(i=2,\cdots,n)}\begin{vmatrix}n+1&1&1&\cdots&1\\0&1&0&\cdots&0\\0&0&1&\cdots&0\\\vdots&\vdots&\vdots&&\vdots\\0&0&0&\cdots&1\end{vmatrix}=n+1。$$

例 1.9 计算 $D_n=\begin{vmatrix}\alpha+\beta&\alpha&0&\cdots&0&0\\\beta&\alpha+\beta&\alpha&\cdots&0&0\\0&\beta&\alpha+\beta&\cdots&0&0\\\vdots&\vdots&\vdots&&\vdots&\vdots\\0&0&0&\cdots&\alpha+\beta&\alpha\\0&0&0&\cdots&\beta&\alpha+\beta\end{vmatrix}$。

解 按第一列把 D_n 分成两个行列式的和：

$$D_n=\begin{vmatrix}\alpha&\alpha&0&\cdots&0&0\\0&\alpha+\beta&\alpha&\cdots&0&0\\0&\beta&\alpha+\beta&\cdots&0&0\\\vdots&\vdots&\vdots&&\vdots&\vdots\\0&0&0&\cdots&\alpha+\beta&\alpha\\0&0&0&\cdots&\beta&\alpha+\beta\end{vmatrix}+\begin{vmatrix}\beta&\alpha&0&\cdots&0&0\\\beta&\alpha+\beta&\alpha&\cdots&0&0\\0&\beta&\alpha+\beta&\cdots&0&0\\\vdots&\vdots&\vdots&&\vdots&\vdots\\0&0&0&\cdots&\alpha+\beta&\alpha\\0&0&0&\cdots&\beta&\alpha+\beta\end{vmatrix}$$

$$=\alpha D_{n-1}+\begin{vmatrix}\beta&\alpha&0&\cdots&0&0\\0&\beta&\alpha&\cdots&0&0\\0&0&\beta&\cdots&0&0\\\vdots&\vdots&\vdots&&\vdots&\vdots\\0&0&0&\cdots&\beta&\alpha\\0&0&0&\cdots&0&\beta\end{vmatrix}=\alpha D_{n-1}+\beta^n。\qquad(1.1)$$

按第一列把 D_n 分成两个行列式的和：

$$D_n=\begin{vmatrix}\beta&\alpha&0&\cdots&0&0\\0&\alpha+\beta&\alpha&\cdots&0&0\\0&\beta&\alpha+\beta&\cdots&0&0\\\vdots&\vdots&\vdots&&\vdots&\vdots\\0&0&0&\cdots&\alpha+\beta&\alpha\\0&0&0&\cdots&\beta&\alpha+\beta\end{vmatrix}+\begin{vmatrix}\alpha&\alpha&0&\cdots&0&0\\\beta&\alpha+\beta&\alpha&\cdots&0&0\\0&\beta&\alpha+\beta&\cdots&0&0\\\vdots&\vdots&\vdots&&\vdots&\vdots\\0&0&0&\cdots&\alpha+\beta&\alpha\\0&0&0&\cdots&\beta&\alpha+\beta\end{vmatrix}$$

$$=\beta D_{n-1}+\begin{vmatrix} \alpha & 0 & 0 & \cdots & 0 & 0 \\ \beta & \alpha & 0 & \cdots & 0 & 0 \\ 0 & \beta & \alpha & \cdots & 0 & 0 \\ \vdots & \vdots & \vdots & & \vdots & \vdots \\ 0 & 0 & 0 & \cdots & \alpha & 0 \\ 0 & 0 & 0 & \cdots & \beta & \alpha \end{vmatrix}=\beta D_{n-1}+\alpha^n。 \tag{1.2}$$

(1)当 $\alpha\neq\beta$ 时，由式(1.1)、式(1.2)得 $\alpha D_{n-1}+\beta^n=\beta D_{n-1}+\alpha^n$，则 $D_{n-1}=\dfrac{\alpha^n-\beta^n}{\alpha-\beta}$。于是 $D_n=\dfrac{\alpha^{n+1}-\beta^{n+1}}{\alpha-\beta}$。

(2)当 $\alpha=\beta$ 时，由式(1.1)得 $D_n=\alpha D_{n-1}+\beta^n=\cdots=(n+1)\alpha^n$。

例 1.10 设 $a>b>c>0$，证明：$\dfrac{1}{ab+bc+ca}\begin{vmatrix} a & b & c \\ a^2 & b^2 & c^2 \\ bc & ca & ab \end{vmatrix}<0$。

证明 将行列式的第 1 行×$(a+b+c)$，第 2 行×(-1)，然后加到第 3 行，得

$$\begin{vmatrix} a & b & c \\ a^2 & b^2 & c^2 \\ bc & ca & ab \end{vmatrix}=\begin{vmatrix} a & b & c \\ a^2 & b^2 & c^2 \\ ab+bc+ca & ab+bc+ca & ab+bc+ca \end{vmatrix}$$

$$=(ab+bc+ca)\begin{vmatrix} a & b & c \\ a^2 & b^2 & c^2 \\ 1 & 1 & 1 \end{vmatrix}=(ab+bc+ca)\begin{vmatrix} 1 & 1 & 1 \\ a & b & c \\ a^2 & b^2 & c^2 \end{vmatrix}$$

$$=(ab+bc+ca)(c-a)(c-b)(b-a)$$

于是，不等式的左边$=(c-a)(c-b)(b-a)$，由于 $a>b>c>0$，从而 $c-a<0$，$c-b<0$，$b-a<0$，因此，当 $a>b>c>0$ 时，

$$\frac{1}{ab+bc+ca}\begin{vmatrix} a & b & c \\ a^2 & b^2 & c^2 \\ bc & ca & ab \end{vmatrix}<0。$$

1.4 独立作业

1.4.1 基础练习

一、选择题

1. 设 $D=|a_{ij}|$ 为 n 阶行列式，则 $a_{12}a_{23}a_{34}\cdots a_{n-1,n}a_{n1}$ 在行列式中的符号为(　　)。

(A)正　　(B)负　　(C)$(-1)^{n-1}$　　(D)$(-1)^{\frac{n(n-1)}{2}}$

2. 行列式 D_n 为 0 的充分条件是(　　)。

(A)零元素的个数大于 n　　(B)D_n 中各行元素的和为零

(C)次对角线上元素全为零　　(D)主对角线上元素全为零

3. 行列式 D_n 不为零,利用行列式的性质对 D_n 进行变换后,行列式的值(　　)。

(A)保持不变　　(B)可以变成任何值

(C)保持不为零　　(D)保持相同的正负号

4. 方程 $\begin{vmatrix} 1 & 1 & 1 & 1 \\ 1 & 2 & -2 & x \\ 1 & 4 & 4 & x^2 \\ 1 & 8 & -8 & x^3 \end{vmatrix}=0$ 的根为(　　)。

(A)1、2、−2　　(B)1、2、3　　(C)1、−1、2　　(D)0、1、2

5. 如果 $D=\begin{vmatrix} a_{11} & a_{12} & a_{13} \\ a_{21} & a_{22} & a_{23} \\ a_{31} & a_{32} & a_{33} \end{vmatrix}=4$,则 $D_n=\begin{vmatrix} 3a_{11} & 4a_{13}-a_{12} & -a_{13} \\ 3a_{21} & 4a_{23}-a_{22} & -a_{23} \\ 3a_{31} & 4a_{33}-a_{32} & -a_{33} \end{vmatrix}=$(　　)。

(A)−12　　(B)12　　(C)48　　(D)−48

二、填空题

6. 行列式 $\begin{vmatrix} a & b & c \\ b & a & c \\ d & b & c \end{vmatrix}$,则 $A_{11}+A_{21}+A_{31}=$__________。

7. 函数 $f(x)=\begin{vmatrix} 2x & 1 & 3 \\ x & -x & 1 \\ 2 & 1 & x \end{vmatrix}$ 中,x^3 的系数为__________。

8. $\begin{vmatrix} 1 & 1 & 1 & 1 & 1 \\ 1 & 2 & 3 & 4 & 5 \\ 1 & 2^2 & 3^2 & 4^2 & 5^2 \\ 1 & 2^3 & 3^3 & 4^3 & 5^3 \\ 1 & 2^4 & 3^4 & 4^4 & 5^4 \end{vmatrix}=$__________。

三、计算题

9. $\begin{vmatrix} 1 & 4 & 9 & 16 \\ 4 & 9 & 16 & 25 \\ 9 & 16 & 25 & 36 \\ 16 & 25 & 36 & 49 \end{vmatrix}$。

10. $D=\begin{vmatrix} 0 & y & 0 & x \\ x & 0 & y & 0 \\ 0 & x & 0 & y \\ y & 0 & x & 0 \end{vmatrix}$。

11. $D=\begin{vmatrix} 1 & 0 & 1 & 0 & 0 \\ 0 & 2 & -1 & 0 & 0 \\ 3 & 1 & 0 & 0 & 0 \\ 0 & 0 & 0 & 2 & 1 \\ 0 & 0 & 0 & 0 & -2 \end{vmatrix}$。

12. $D=\begin{vmatrix} 0 & 1 & 1 & \cdots & 1 \\ 1 & x_1 & 0 & \cdots & 0 \\ 1 & 0 & x_2 & \cdots & 0 \\ \vdots & \vdots & \vdots & & \vdots \\ 1 & 0 & 0 & \cdots & x_n \end{vmatrix}$ $(x_i\neq0,i=1,2,\cdots,n)$。

13. $\begin{vmatrix} 1+x_1 & 1 & 1 & 1 \\ 1 & 1+x_2 & 1 & 1 \\ 1 & 1 & 1+x_3 & 1 \\ 1 & 1 & 1 & 1+x_4 \end{vmatrix}$。

14. $\begin{vmatrix} 1 & 2 & 2 & \cdots & 2 \\ 2 & 2 & 2 & \cdots & 2 \\ 2 & 2 & 3 & \cdots & 2 \\ \vdots & \vdots & \vdots & & \vdots \\ 2 & 2 & 2 & \cdots & n \end{vmatrix}$。

四、综合题

16. 当 μ 取何值时，齐次线性方程组 $\begin{cases} 2x_1+4x_2+(\mu-1)x_3=0 \\ (\mu-3)x_1+x_2-2x_3=0 \\ -x_1+(1-\mu)x_2-x_3=0 \end{cases}$ 有非零解？

17. 证明：$D_n=\begin{vmatrix} 2\cos\alpha & 1 & 0 & \cdots & 0 & 0 \\ 1 & 2\cos\alpha & 1 & \cdots & 0 & 0 \\ 0 & 1 & 2\cos\alpha & \cdots & 0 & 0 \\ \vdots & \vdots & \vdots & & \vdots & \vdots \\ 0 & 0 & 0 & \cdots & 2\cos\alpha & 1 \\ 0 & 0 & 0 & \cdots & 1 & 2\cos\alpha \end{vmatrix}=\dfrac{\sin(n+1)\alpha}{\sin\alpha}$（其中 $\sin\alpha\neq0$）。

1.4.2　提高练习

一、选择题

1. 设 $\boldsymbol{A}$ 为 n 阶方阵，$\boldsymbol{B}$ 为 m 阶方阵，$\begin{vmatrix} \boldsymbol{O} & \boldsymbol{B} \\ \boldsymbol{A} & \boldsymbol{O} \end{vmatrix}=$（　　）。

(A) $-|\boldsymbol{A}||\boldsymbol{B}|$　　(B) $|\boldsymbol{A}||\boldsymbol{B}|$

(C) $(-1)^{mn}|\boldsymbol{A}||\boldsymbol{B}|$　　(D) $(-1)^{m+n}|\boldsymbol{A}||\boldsymbol{B}|$

2. 若 $g(x)=\begin{vmatrix} x & -x & -1 & x \\ 2 & 2 & 3 & x \\ -7 & 10 & 4 & 3 \\ 1 & -7 & 1 & x \end{vmatrix}$，则 x^2 的系数为(　　)。

(A)29　　(B)38　　(C)-22　　(D)34

3. $g(x)=\begin{vmatrix} x-2 & x-1 & x-2 & x-3 \\ 2x-2 & 2x-1 & 2x-2 & 2x-3 \\ 3x-3 & 3x-2 & 4x-5 & 3x-5 \\ 4x & 4x-3 & 5x-7 & 4x-3 \end{vmatrix}$，则方程 $g(x)=0$ 的根的个数为(　　)。

(A)1　　(B)2　　(C)3　　(D)4

4. 当 $a\neq$(　　)时，方程组 $\begin{cases} ax+z=0 \\ 2x+ay+z=0 \\ ax-2y+z=0 \end{cases}$ 只有零解。

(A)-1　　(B)0　　(C)-2　　(D)2

二、填空题

5. 排列 $r_1r_2r_3\cdots r_n$ 可经过__________次对换后变为排列 $r_nr_{n-1}r_{n-2}\cdots r$。

6. 4 阶行列式中带负号且含有因子 a_{12} 和 a_{21} 的项为__________。

7. 设 $\boldsymbol{A}$ 为 4 阶方阵，$\boldsymbol{B}$ 为 5 阶方阵，且 $|\boldsymbol{A}|=2$，$|\boldsymbol{B}|=-2$，则 $|-|\boldsymbol{B}|\boldsymbol{A}|=$__________。$|-|\boldsymbol{A}|\boldsymbol{B}|=$__________。

8. 设 $\boldsymbol{A}$、$\boldsymbol{B}$ 为 n 阶方阵，且 $|\boldsymbol{A}|=3$，$|\boldsymbol{B}|=-2$，则 $|3\boldsymbol{A}^*\boldsymbol{B}^{-1}|=$__________。

9. 设 $\boldsymbol{A}=\begin{vmatrix} 1 & 0 & 0 \\ 2 & 4 & 0 \\ 3 & 5 & 6 \end{vmatrix}$，则 $|\boldsymbol{E}+2\boldsymbol{A}^{-1}|=$__________。

三、综合题

10. 解方程组：$\begin{vmatrix} 1 & x & x^2 & \cdots & x^n \\ 1 & b_1 & b_1^2 & \cdots & b_1^n \\ 1 & b_2 & b_2^2 & \cdots & b_2^n \\ \vdots & \vdots & \vdots & & \vdots \\ 1 & b_n & b_n^2 & \cdots & b_n^n \end{vmatrix}=0$，其中，$b_1,b_2,b_3,\cdots,b_n$ 为各不相同的常数。

11. 设 $g(x)=\begin{vmatrix} 1 & 1 & 1 \\ x-3 & 3x^2-5 & 1-3x^2 \\ 2x^2-1 & 3x^5-1 & 7x^8-1 \end{vmatrix}$，试证：存在 $\xi\in(0,1)$，使得 $g'(\xi)=0$。

12. 设 $|\boldsymbol{A}|=\begin{vmatrix} 1 & -5 & 1 & 3 \\ 1 & 1 & 3 & 4 \\ 1 & 1 & 2 & 3 \\ 2 & 2 & 3 & 4 \end{vmatrix}$，计算 $A_{41}+A_{42}+A_{43}+A_{44}$ 的值，其中 $A_{4i}(i=1,2,3,4)$ 是 $|\boldsymbol{A}|$ 的代数余子式。

13. 利用克拉默法则求解方程组 $\begin{cases} x_1+2x_2-x_3=2 \\ x_1-2x_2+2x_3=3 \\ 2x_1-x_2+x_3=3 \end{cases}$。

14. 求极限：$\lim\limits_{x\to 0}\dfrac{\begin{vmatrix} x^3 & x^2 & 1 \\ 3 & 2 & 1 \\ x & \sin x & 2 \end{vmatrix}}{\begin{vmatrix} 1 & 2 & 3 \\ \sin x & \cos x & 1 \\ 0 & 1 & 1 \end{vmatrix}}$。

1.4.3 考研连线

计算下列行列式。

1. $\begin{vmatrix} a_1 & 0 & 0 & b_1 \\ 0 & a_2 & b_2 & 0 \\ 0 & b_3 & a_3 & 0 \\ b_4 & 0 & 0 & a_4 \end{vmatrix}$。

2. $\begin{vmatrix} 0 & -1 & 1-a & a & 0 \\ 0 & 0 & -1 & 1-a & a \\ 0 & 0 & 0 & -1 & 1-a \\ 1-a & a & 0 & 0 & 0 \\ -1 & 1-a & a & 0 & 0 \end{vmatrix}$。

3. $D_n=\begin{vmatrix} 2a & 1 & 0 & \cdots & 0 & 0 & 0 \\ a^2 & 2a & 1 & \cdots & 0 & 0 & 0 \\ 0 & a^2 & 2a & \cdots & 0 & 0 & 0 \\ \vdots & \vdots & \vdots & & \vdots & \vdots & \vdots \\ 0 & 0 & 0 & \cdots & 2a & 1 & 0 \\ 0 & 0 & 0 & \cdots & a^2 & 2a & 1 \\ 0 & 0 & 0 & \cdots & 0 & a^2 & 2a \end{vmatrix}$。

4. $\begin{vmatrix} a_1 & b_1 & 0 & \cdots & 0 & 0 \\ 0 & a_2 & b_2 & \cdots & 0 & 0 \\ \vdots & \vdots & \vdots & & \vdots & \vdots \\ 0 & 0 & 0 & \cdots & a_{n-1} & b_{n-1} \\ b_n & 0 & 0 & \cdots & 0 & a_n \end{vmatrix}$。

5. $\begin{vmatrix} a_0 & b_1 & b_2 & \cdots & b_n \\ c_1 & a_1 & 0 & \cdots & 0 \\ c_2 & 0 & a_2 & \cdots & 0 \\ \vdots & \vdots & \vdots & & \vdots \\ c_n & 0 & 0 & \cdots & a_n \end{vmatrix}$ $(a_i \neq 0, i=1,2,3,\cdots,n)$。

第2章　矩　阵

2.1　学习目标

1.理解矩阵的概念。

2.了解单位矩阵、对角矩阵、三角矩阵、对称矩阵的概念及它们的基本性质。

3.掌握对称矩阵、伴随矩阵两种特殊矩阵的定义和性质。

3.掌握矩阵的加法、数乘、乘法、转置运算及其运算规则。

4.理解逆矩阵的概念;掌握矩阵可逆的充要条件;掌握可逆矩阵的性质,会用伴随矩阵求矩阵的逆。

5.了解分块矩阵的概念及运算法则。

2.2　重要公式与结论

1.对于任意方阵 $\boldsymbol{A}$,总有 $\boldsymbol{A}\boldsymbol{A}^*=\boldsymbol{A}^*\boldsymbol{A}=|\boldsymbol{A}|\boldsymbol{E}$(万能公式);如果 $|\boldsymbol{A}|\neq 0$,即 $\boldsymbol{A}$ 为可逆矩阵,则 $\boldsymbol{A}^{-1}=\dfrac{1}{|\boldsymbol{A}|}\boldsymbol{A}^*$ 或 $\boldsymbol{A}^*=|\boldsymbol{A}|\boldsymbol{A}^{-1}$。

2.方阵的数乘:设 $\boldsymbol{A}$ 为 n 阶方阵,k 为实数,$k\neq 0$,则

$$(k\boldsymbol{A})^{\mathrm{T}}=k\boldsymbol{A}^{\mathrm{T}},(k\boldsymbol{A})^{-1}=\frac{1}{k}\boldsymbol{A}^{-1},|\boldsymbol{A}^{-1}|=\frac{1}{|\boldsymbol{A}|}。$$

3.矩阵乘法的关系

$$(\boldsymbol{AB})^{\mathrm{T}}=\boldsymbol{B}^{\mathrm{T}}\boldsymbol{A}^{\mathrm{T}},(\boldsymbol{AB})^{-1}=\boldsymbol{B}^{-1}\boldsymbol{A}^{-1},|\boldsymbol{AB}|=|\boldsymbol{BA}|;$$

$$(\boldsymbol{A}^2)^{\mathrm{T}}=(\boldsymbol{A}^{\mathrm{T}})^2,(\boldsymbol{A}^2)^{-1}=(\boldsymbol{A}^{-1})^2,|\boldsymbol{A}^2|=|\boldsymbol{A}|^2。$$

4.若 $\boldsymbol{A}$、$\boldsymbol{B}$ 均为可逆矩阵,则

$$\begin{bmatrix}\boldsymbol{O}&\boldsymbol{A}\\\boldsymbol{B}&\boldsymbol{O}\end{bmatrix}^{-1}=\begin{bmatrix}\boldsymbol{O}&\boldsymbol{B}^{-1}\\\boldsymbol{A}^{-1}&\boldsymbol{O}\end{bmatrix};\begin{bmatrix}\boldsymbol{A}&\boldsymbol{O}\\\boldsymbol{O}&\boldsymbol{B}\end{bmatrix}^{-1}=\begin{bmatrix}\boldsymbol{A}^{-1}&\boldsymbol{O}\\\boldsymbol{O}&\boldsymbol{B}^{-1}\end{bmatrix};$$

$$\begin{bmatrix}\boldsymbol{A}&\boldsymbol{C}\\\boldsymbol{O}&\boldsymbol{B}\end{bmatrix}^{-1}=\begin{bmatrix}\boldsymbol{A}^{-1}&-\boldsymbol{A}^{-1}\boldsymbol{C}\boldsymbol{B}^{-1}\\\boldsymbol{O}&\boldsymbol{B}^{-1}\end{bmatrix};\begin{bmatrix}\boldsymbol{A}&\boldsymbol{O}\\\boldsymbol{C}&\boldsymbol{B}\end{bmatrix}^{-1}=\begin{bmatrix}\boldsymbol{A}^{-1}&\boldsymbol{O}\\-\boldsymbol{B}^{-1}\boldsymbol{C}\boldsymbol{A}^{-1}&\boldsymbol{B}^{-1}\end{bmatrix}。$$

5.已知 $\boldsymbol{A}$ 为一个 n 阶可逆矩阵($n\geqslant 2$),则有

(1)$\boldsymbol{A}^{-1}=\dfrac{1}{|\boldsymbol{A}|}\boldsymbol{A}^*$,$\boldsymbol{A}^*=|\boldsymbol{A}|\boldsymbol{A}^{-1}$,$|\boldsymbol{A}^*|=|\boldsymbol{A}|^{n-1}$。

(2)$(\boldsymbol{A}^*)^*=|\boldsymbol{A}|^{n-2}\boldsymbol{A}$;$(k\boldsymbol{A})^*=k^{n-1}\boldsymbol{A}^*$($k$ 为非零常数)。

(3) $(\boldsymbol{A}^*)^{-1}=(\boldsymbol{A}^{-1})^*=\dfrac{1}{|\boldsymbol{A}|}\boldsymbol{A}$。

(4) $(\boldsymbol{AB})^*=\boldsymbol{B}^*\boldsymbol{A}^*$；$(\boldsymbol{A}^*)^{\mathrm{T}}=(\boldsymbol{A}^{\mathrm{T}})^*$。

6. 已知 $\boldsymbol{A}$ 为一个 n 阶矩阵，k 为实数，则

$$|k\boldsymbol{A}|=k^n|\boldsymbol{A}|,\ |k\boldsymbol{A}^*|=k^n|\boldsymbol{A}|^{n-1},\ |(k\boldsymbol{A})^*|=k^{n(n-1)}|\boldsymbol{A}|^{n-1}。$$

7. 已知 $\boldsymbol{A}$ 为一个 n 阶可逆矩阵($n\geqslant 3$)，则有 $(\boldsymbol{A}^*)^*=|\boldsymbol{A}|^{n-2}\boldsymbol{A}$。

8. 特殊矩阵：

(1) 方阵：$\begin{bmatrix} a_{11} & a_{12} & \cdots & a_{1n} \\ a_{21} & a_{22} & \cdots & a_{2n} \\ \vdots & \vdots & & \vdots \\ a_{n1} & a_{n2} & \cdots & a_{nn} \end{bmatrix}$ 称为 n 阶矩阵或 n 阶方阵，记作 $\boldsymbol{A}$ 或 $\boldsymbol{A}_n$。

(2) 行矩阵(行向量)：$\boldsymbol{A}=(a_1,a_2,\cdots,a_n)$。

(3) 列矩阵(列向量)：$\boldsymbol{B}=\begin{bmatrix} b_1 \\ b_2 \\ \vdots \\ b_m \end{bmatrix}$。

(4) 零矩阵：所有元素都为 0，记作 $\boldsymbol{O}$。

(5) 单位矩阵：$\boldsymbol{E}=\begin{bmatrix} 1 & & & 0 \\ & 1 & & \\ & & \ddots & \\ 0 & & & 1 \end{bmatrix}$。

(6) 数量矩阵：$k\boldsymbol{E}=\begin{bmatrix} k & & & 0 \\ & k & & \\ & & \ddots & \\ 0 & & & k \end{bmatrix}$。

(7) 对角矩阵：$\boldsymbol{\Lambda}=\begin{bmatrix} \lambda_1 & & & 0 \\ & \lambda_2 & & \\ & & \ddots & \\ 0 & & & \lambda_n \end{bmatrix}$。

(8) 上三角矩阵：$\begin{bmatrix} a_{11} & a_{12} & \cdots & a_{1n} \\ & a_{22} & \cdots & a_{2n} \\ & & \ddots & \vdots \\ 0 & & & a_{nn} \end{bmatrix}$。

(9)下三角矩阵：$\begin{bmatrix} a_{11} & & & 0 \\ a_{21} & a_{22} & & \\ \vdots & \vdots & \ddots & \\ a_{n1} & a_{n2} & \cdots & a_{nn} \end{bmatrix}$。

(10)对称矩阵、反对称矩阵：设 $\boldsymbol{A}=\begin{bmatrix} a_{11} & a_{12} & \cdots & a_{1n} \\ a_{21} & a_{22} & \cdots & a_{2n} \\ \vdots & \vdots & & \vdots \\ a_{n1} & a_{n2} & \cdots & a_{nn} \end{bmatrix}$是一个 n 阶矩阵，如果 $\boldsymbol{A}=\boldsymbol{A}^{\mathrm{T}}$，即 $a_{ij}=a_{ji}(i,j=1,2,\cdots,n)$，则称 $\boldsymbol{A}$ 为对称矩阵；如果 $\boldsymbol{A}=-\boldsymbol{A}^{\mathrm{T}}$，即 $a_{ij}=-a_{ji}(i,j=1,2,\cdots,n)$，则称 $\boldsymbol{A}$ 为反对称矩阵。

9. 性质：

(1)若 $\boldsymbol{A}$ 可逆，则 $\boldsymbol{A}^{-1}$ 亦可逆，且 $(\boldsymbol{A}^{-1})^{-1}=\boldsymbol{A}$。

(2)若 $\boldsymbol{A}$ 可逆，则 $k\boldsymbol{A}(k\neq0)$ 亦可逆，且 $(k\boldsymbol{A})^{-1}=\dfrac{1}{k}\boldsymbol{A}^{-1}$。

(3)若 $\boldsymbol{A}$、$\boldsymbol{B}$ 可逆，则 $\boldsymbol{AB}$ 亦可逆，且 $(\boldsymbol{AB})^{-1}=\boldsymbol{B}^{-1}\boldsymbol{A}^{-1}$。

(4)若 $\boldsymbol{A}$ 可逆，则 $\boldsymbol{A}^{\mathrm{T}}$ 亦可逆，且 $(\boldsymbol{A}^{\mathrm{T}})^{-1}=(\boldsymbol{A}^{-1})^{\mathrm{T}}$。

(5)$|\boldsymbol{A}^{-1}|=\dfrac{1}{|\boldsymbol{A}|}$。

(6)已知 $\boldsymbol{A}=\begin{bmatrix} \lambda_1 & & & \\ & \lambda_2 & & \\ & & \ddots & \\ & & & \lambda_n \end{bmatrix}$，$\lambda_1\lambda_2\cdots\lambda_n\neq0$，则 $\boldsymbol{A}^{-1}=\begin{bmatrix} \frac{1}{\lambda_1} & & & \\ & \frac{1}{\lambda_2} & & \\ & & \ddots & \\ & & & \frac{1}{\lambda_n} \end{bmatrix}$。

注：$(\boldsymbol{A}+\boldsymbol{B})^{-1}\neq\boldsymbol{A}^{-1}+\boldsymbol{B}^{-1}$。

2.3 典型例题分析

例 2.1 计算：(1)$[a_1\cdots a_n]\begin{bmatrix} b_1 \\ \vdots \\ b_n \end{bmatrix}$；(2)$\begin{bmatrix} a_1 \\ \vdots \\ a_n \end{bmatrix}[b_1\cdots b_n]$。

解 (1)$[a_1\cdots a_n]\begin{bmatrix} b_1 \\ \vdots \\ b_n \end{bmatrix}=a_1b_1+\cdots+a_nb_n=\sum\limits_{k=1}^{n}a_kb_k$；

(2) $\begin{bmatrix} a_1 \\ \vdots \\ a_n \end{bmatrix}[b_1\cdots b_n]=\begin{bmatrix} a_1b_1 & a_1b_2 & \cdots & a_1b_n \\ a_2b_1 & a_2b_2 & \cdots & a_2b_n \\ \vdots & \vdots & & \vdots \\ a_nb_1 & a_nb_2 & \cdots & a_nb_n \end{bmatrix}$。

例 2.2 设 $\boldsymbol{A}=\begin{bmatrix} 1 & 2 \\ 4 & 3 \end{bmatrix}$,$\boldsymbol{B}=\begin{bmatrix} x & 1 \\ 2 & y \end{bmatrix}$,求 x 与 y 的关系,使 $\boldsymbol{A}$ 与 $\boldsymbol{B}$ 是可交换的。

解

$$\boldsymbol{AB}=\begin{bmatrix} 1 & 2 \\ 4 & 3 \end{bmatrix}\begin{bmatrix} x & 1 \\ 2 & y \end{bmatrix}=\begin{bmatrix} x+4 & 1+2y \\ 4x+6 & 4+3y \end{bmatrix},$$

$$\boldsymbol{BA}=\begin{bmatrix} x & 1 \\ 2 & y \end{bmatrix}\begin{bmatrix} 1 & 2 \\ 4 & 3 \end{bmatrix}=\begin{bmatrix} x+4 & 2x+3 \\ 2+4y & 4+3y \end{bmatrix}。$$

故要使 $\boldsymbol{A}$、$\boldsymbol{B}$ 可交换,即 $\boldsymbol{AB}=\boldsymbol{BA}$ 的充要条件是$\begin{cases} x+4=x+4 \\ 1+2y=2x+3 \\ 4x+6=2+4y \\ 4+3y=4+3y \end{cases}$,即 $x=y-1$。

例 2.3 设 $\boldsymbol{C}=\left(\frac{1}{2},0,\cdots,0,\frac{1}{2}\right)_{1\times n}$,$\boldsymbol{A}=\boldsymbol{E}-\boldsymbol{C}^{\mathrm{T}}\boldsymbol{C}$,$\boldsymbol{B}=\boldsymbol{E}+2\boldsymbol{C}^{\mathrm{T}}\boldsymbol{C}$,计算 $\boldsymbol{AB}$。

解

$$\begin{aligned}\boldsymbol{AB}&=[\boldsymbol{E}-\boldsymbol{C}^{\mathrm{T}}\boldsymbol{C}][\boldsymbol{E}+2\boldsymbol{C}^{\mathrm{T}}\boldsymbol{C}]=\boldsymbol{E}+2\boldsymbol{C}^{\mathrm{T}}\boldsymbol{C}-\boldsymbol{C}^{\mathrm{T}}\boldsymbol{C}-2\boldsymbol{C}^{\mathrm{T}}\boldsymbol{C}\boldsymbol{C}^{\mathrm{T}}\boldsymbol{C}\\&=\boldsymbol{E}+\boldsymbol{C}^{\mathrm{T}}\boldsymbol{C}-2\boldsymbol{C}^{\mathrm{T}}[\boldsymbol{C}\boldsymbol{C}^{\mathrm{T}}]\boldsymbol{C}=\boldsymbol{E}+\boldsymbol{C}^{\mathrm{T}}\boldsymbol{C}-2\times\frac{1}{2}\times\boldsymbol{C}^{\mathrm{T}}\boldsymbol{C}=\boldsymbol{E},\end{aligned}$$

故 $\boldsymbol{AB}=\boldsymbol{E}$。

例 2.4 设 $\boldsymbol{A}=\begin{bmatrix} 1 & 0 & 0 & 0 \\ 1 & 2 & 0 & 0 \\ 1 & 1 & 2 & 0 \\ 1 & 1 & 1 & 2 \end{bmatrix}$,$\boldsymbol{A}^*$ 为 $\boldsymbol{A}$ 的伴随矩阵,求$(\boldsymbol{A}^*)^*$。

解 由于$|\boldsymbol{A}|=\begin{vmatrix} 1 & 0 & 0 & 0 \\ 1 & 2 & 0 & 0 \\ 1 & 1 & 2 & 0 \\ 1 & 1 & 1 & 2 \end{vmatrix}=8\neq 0$,故 $\boldsymbol{A}$ 是可逆的,$\boldsymbol{A}^*$ 是可逆的;根据 $\boldsymbol{AA}^*=|\boldsymbol{A}|\boldsymbol{E}$,有 $\boldsymbol{A}^*(\boldsymbol{A}^*)^*=|\boldsymbol{A}^*|\boldsymbol{E}$。

方程左右两边同时左乘以 $\boldsymbol{A}$,得 $\boldsymbol{AA}^*(\boldsymbol{A}^*)^*=\boldsymbol{A}|\boldsymbol{A}^*|\boldsymbol{E}$,即$(\boldsymbol{A}^*)^*=\frac{1}{|\boldsymbol{A}|}|\boldsymbol{A}^*|\boldsymbol{A}$,又 $|\boldsymbol{A}^*|=|\boldsymbol{A}|^{n-1}$,因为 $\boldsymbol{A}$ 是 4 阶矩阵,故

$$(\boldsymbol{A}^*)^*=|\boldsymbol{A}|^{n-2}\boldsymbol{A}=|\boldsymbol{A}|^2\boldsymbol{A}=64\begin{bmatrix} 1 & 0 & 0 & 0 \\ 1 & 2 & 0 & 0 \\ 1 & 1 & 2 & 0 \\ 1 & 1 & 1 & 2 \end{bmatrix}。$$

例 2.5 设 $\boldsymbol{A}$、$\boldsymbol{B}$ 是 n 阶方阵，若 $\boldsymbol{E}-\boldsymbol{AB}$ 可逆，试证：$\boldsymbol{E}-\boldsymbol{BA}$ 也可逆。

证明 由于

$$\begin{aligned}\boldsymbol{E}-\boldsymbol{BA}&=\boldsymbol{E}-\boldsymbol{B}(\boldsymbol{E}-\boldsymbol{AB})(\boldsymbol{E}-\boldsymbol{AB})^{-1}\boldsymbol{A}=\boldsymbol{E}-(\boldsymbol{B}-\boldsymbol{BAB})(\boldsymbol{E}-\boldsymbol{AB})^{-1}\boldsymbol{A}\\&=\boldsymbol{E}-(\boldsymbol{E}-\boldsymbol{BA})\boldsymbol{B}(\boldsymbol{E}-\boldsymbol{AB})^{-1}\boldsymbol{A},\end{aligned}$$

移项得到$(\boldsymbol{E}-\boldsymbol{BA})+(\boldsymbol{E}-\boldsymbol{BA})\boldsymbol{B}(\boldsymbol{E}-\boldsymbol{AB})^{-1}\boldsymbol{A}=\boldsymbol{E}$，即$(\boldsymbol{E}-\boldsymbol{BA})[\boldsymbol{E}-\boldsymbol{B}(\boldsymbol{E}-\boldsymbol{AB})^{-1}\boldsymbol{A}]=\boldsymbol{E}$，于是 $\boldsymbol{E}-\boldsymbol{BA}$ 可逆，并且$(\boldsymbol{E}-\boldsymbol{BA})^{-1}=\boldsymbol{E}+\boldsymbol{B}(\boldsymbol{E}-\boldsymbol{AB})^{-1}$。

例 2.6 设 $\boldsymbol{A}_n=\begin{bmatrix}0&1&0&\cdots&0\\0&0&2&\cdots&0\\\vdots&\vdots&\vdots&&\vdots\\0&0&0&\cdots&n-1\\n&0&0&\cdots&0\end{bmatrix}$，求 $\boldsymbol{A}_n^{-1}$。

解 对矩阵 $\boldsymbol{A}_n$ 分块，$\boldsymbol{A}_n=\begin{bmatrix}\boldsymbol{O}&\boldsymbol{B}\\\boldsymbol{C}&\boldsymbol{O}\end{bmatrix}$，其中 $\boldsymbol{C}=(n)$，$\boldsymbol{B}=\begin{bmatrix}1&0&\cdots&0\\0&2&\cdots&0\\\vdots&\vdots&&\vdots\\0&0&\cdots&n-1\end{bmatrix}$。

故 $\boldsymbol{C}^{-1}=\left(\dfrac{1}{n}\right)$，$\boldsymbol{B}^{-1}=\begin{pmatrix}1&0&\cdots&0\\0&\frac{1}{2}&\cdots&0\\\vdots&\vdots&&\vdots\\0&0&\cdots&\frac{1}{n-1}\end{pmatrix}$。

根据分块矩阵的逆矩阵公式有

$$\boldsymbol{A}_n^{-1}=\begin{bmatrix}\boldsymbol{O}&\boldsymbol{B}\\\boldsymbol{C}&\boldsymbol{O}\end{bmatrix}^{-1}=\begin{pmatrix}\boldsymbol{O}&\boldsymbol{C}^{-1}\\\boldsymbol{B}^{-1}&\boldsymbol{O}\end{pmatrix}=\begin{bmatrix}0&0&\cdots&0&\frac{1}{n}\\1&0&\cdots&0&0\\0&\frac{1}{2}&\cdots&0&0\\\vdots&\vdots&&\vdots&\vdots\\0&0&\cdots&\frac{1}{n-1}&0\end{bmatrix}。$$

例 2.7 设 n 阶方阵 $\boldsymbol{A}=\begin{bmatrix}0&1&0\\1&0&0\\0&0&1\end{bmatrix}$，$\boldsymbol{B}=\begin{bmatrix}1&-4&3\\2&0&-1\\1&-2&0\end{bmatrix}$，求 $\boldsymbol{X}$，使 $\boldsymbol{AX}=\boldsymbol{B}$。

解 由于 $|\boldsymbol{A}|=\begin{vmatrix}0&1&0\\1&0&0\\0&0&1\end{vmatrix}=-1\neq0$，故 $\boldsymbol{A}$ 是可逆的；并且 $\boldsymbol{A}^{-1}=\begin{bmatrix}0&1&0\\1&0&0\\0&0&1\end{bmatrix}$。

方程左右两边同时左乘 $\boldsymbol{A}^{-1}$ 得到

$$\boldsymbol{X}=\boldsymbol{A}^{-1}\boldsymbol{B}=\begin{bmatrix}0&1&0\\1&0&0\\0&0&1\end{bmatrix}\begin{bmatrix}1&-4&3\\2&0&-1\\1&-2&0\end{bmatrix}=\begin{bmatrix}2&0&-1\\1&-4&3\\1&-2&0\end{bmatrix}。$$

例 2.8 设 $\boldsymbol{A}=\begin{bmatrix}1&0&2\\0&3&0\\4&3&1\end{bmatrix}$，求 $\boldsymbol{X}$，使 $\boldsymbol{AX}+\boldsymbol{E}=\boldsymbol{A}^2+\boldsymbol{X}$。

解 对方程移项得 $\boldsymbol{AX}-\boldsymbol{X}=\boldsymbol{A}^2-\boldsymbol{E}$，根据矩阵乘法分配律得 $(\boldsymbol{A}-\boldsymbol{E})\boldsymbol{X}=\boldsymbol{A}^2-\boldsymbol{E}$。

由于 $|\boldsymbol{A}-\boldsymbol{E}|=\begin{vmatrix}0&0&2\\0&2&0\\4&3&0\end{vmatrix}=-16\neq0$，故 $\boldsymbol{A}-\boldsymbol{E}$ 可逆。

方程左右两边同时左乘以 $(\boldsymbol{A}-\boldsymbol{E})^{-1}$，得

$$\boldsymbol{X}=(\boldsymbol{A}-\boldsymbol{E})^{-1}(\boldsymbol{A}^2-\boldsymbol{E})=(\boldsymbol{A}-\boldsymbol{E})^{-1}(\boldsymbol{A}-\boldsymbol{E})(\boldsymbol{A}+\boldsymbol{E})=(\boldsymbol{A}+\boldsymbol{E})=\begin{bmatrix}2&0&2\\0&4&0\\4&3&2\end{bmatrix}。$$

例 2.9 设 $\boldsymbol{A}$ 的伴随矩阵 $\boldsymbol{A}^*=\begin{bmatrix}1&0&0&0\\0&1&0&0\\1&0&1&0\\0&-3&0&8\end{bmatrix}$，求 $\boldsymbol{B}$，使 $\boldsymbol{ABA}^{-1}=\boldsymbol{BA}^{-1}+3\boldsymbol{E}$。

解 根据 $\boldsymbol{ABA}^{-1}=\boldsymbol{BA}^{-1}+3\boldsymbol{E}$，得到 $(\boldsymbol{A}-\boldsymbol{E})\boldsymbol{BA}^{-1}=3\boldsymbol{E}$。

故 $\boldsymbol{A}-\boldsymbol{E}$、$\boldsymbol{A}$ 皆是可逆的，并且

$\boldsymbol{B}=3(\boldsymbol{A}-\boldsymbol{E})^{-1}\boldsymbol{A}=3(\boldsymbol{A}-\boldsymbol{E})^{-1}(\boldsymbol{A}^{-1})^{-1}=3[(\boldsymbol{A}^{-1})(\boldsymbol{A}-\boldsymbol{E})]^{-1}=3(\boldsymbol{E}-\boldsymbol{A}^{-1})^{-1}$。

又由 $|\boldsymbol{A}^*|=|\boldsymbol{A}|^{n-1}$，$|\boldsymbol{A}^*|=8$，$n=4$，故 $|\boldsymbol{A}|=2$。

计算可得

$$\boldsymbol{B}=3(\boldsymbol{E}-\boldsymbol{A}^{-1})^{-1}=3\left(\boldsymbol{E}-\frac{1}{2}\boldsymbol{A}^*\right)^{-1}=3\left[\frac{1}{2}(2\boldsymbol{E}-\boldsymbol{A}^*)\right]^{-1}$$

$$=6(2\boldsymbol{E}-\boldsymbol{A}^*)^{-1}=6\begin{bmatrix}1&0&0&0\\0&1&0&0\\-1&0&1&0\\0&3&0&-6\end{bmatrix}^{-1}=\begin{bmatrix}6&0&0&0\\0&6&0&0\\6&0&6&0\\0&3&0&-1\end{bmatrix}。$$

例 2.10 设 n 阶矩阵 $\boldsymbol{A}$ 的伴随矩阵为 $\boldsymbol{A}^*$，试证：

(1)若 $|\boldsymbol{A}|=0$，则 $|\boldsymbol{A}^*|=0$；(2) $|\boldsymbol{A}^*|=|\boldsymbol{A}|^{n-1}$；(3) $|(k\boldsymbol{A})^*|=k^{n(n-1)}|\boldsymbol{A}|^{n-1}$。

证明 (1)根据 $|\boldsymbol{A}|=0$，分为 $\boldsymbol{A}=\boldsymbol{O}$ 与 $\boldsymbol{A}\neq\boldsymbol{O}$ 两种情况：

①当 $\boldsymbol{A}=\boldsymbol{O}$ 时，则 $\boldsymbol{A}^*=\boldsymbol{O}$，显然 $|\boldsymbol{A}^*|=0$。

②当 $\boldsymbol{A}\neq\boldsymbol{O}$ 时，利用反证法。不妨反设 $|\boldsymbol{A}^*|\neq0$，则 $\boldsymbol{A}^*$ 可逆，即存在 $(\boldsymbol{A}^*)^{-1}$，又由于

$AA^*=|A|E$，$|A|=0$，得到 $A=|A|(A^*)^{-1}=0(A^*)^{-1}=O$，这与 $A\neq O$ 矛盾，所以假设 $|A^*|\neq 0$不成立。故由①②知，若 $|A|=0$，则 $|A^*|=0$。

(2)分 $|A|=0$ 和 $|A|\neq 0$ 两种情况：

①当 $|A|=0$ 时，由(1)得到 $|A^*|=0$，显然有 $|A^*|=|A|^{n-1}$。

②当 $|A|\neq 0$ 时，则 A 可逆，由 $AA^*=|A|E$ 得到 $|A||A^*|=|A|^n$，从而 $|A^*|=|A|^{n-1}$。

(3)根据(2)中 $|A^*|=|A|^{n-1}$ 得到 $|(kA)^*|=|(kA)|^{n-1}=(k^n|A|)^{n-1}=k^{n(n-1)}|A|^{n-1}$。

例 2.11 设 A、B 均为 n 阶方阵，$|A|=2$，$|B|=-3$，求 $|A^*(2B)^{-1}|$。

解 $|A^*(2B)^{-1}|=|A^*||(2B)^{-1}|=|A^*|\left|\frac{1}{2}B^{-1}\right|=\left(\frac{1}{2}\right)^n|A^*||B^{-1}|$。

又根据 $BB^{-1}=E$，得到 $|B||B^{-1}|=1$，即 $|B^{-1}|=\frac{1}{|B|}$，以及 $|A^*|=|A|^{n-1}$。所以，

$$|A^*(2B)^{-1}|=\left(\frac{1}{2}\right)^n|A^*||B^{-1}|=\left(\frac{1}{2}\right)^n\times 2^{n-1}\times\left(-\frac{1}{3}\right)=-\frac{1}{6}。$$

例 2.12 设 5 阶矩阵 A，且 $|A|=2$，求 $|-|A|A|$。

解 由于 $|A|=2$，因此 $|-|A|A|=(-|A|)^5|A|=(-2)^5|A|=-32\times 2=-64$。

例 2.13 设 A、B 均为 3 阶矩阵，$|A|=2$，$|B|=\frac{1}{2}$，求 $|(AB)^*|$。

解 $|(AB)^*|=|B^*A^*|=|B^*||A^*|=|B|^{3-1}|A|^{3-1}=\left(\frac{1}{2}\right)^2\times 2^2=1$。

例 2.14 设 $A=[1\quad 2\quad 3\quad 4\quad 5]$，$B=\left[1\quad \frac{1}{2}\quad \frac{1}{3}\quad \frac{1}{4}\quad \frac{1}{5}\right]$，又 $X=A^TB$，求 X^n。

解 由 $X^n=XX\cdots X=(A^TB)(A^TB)\cdots(A^TB)=A^T(BA^T)(BA)^T\cdots(BA^T)B$，又因为 $BA^T=5$，故

$$X^n=5^{n-1}A^TB=5^{n-1}\begin{bmatrix}1\\2\\3\\4\\5\end{bmatrix}\begin{bmatrix}1 & \frac{1}{2} & \frac{1}{3} & \frac{1}{4} & \frac{1}{5}\end{bmatrix}=5^{n-1}\begin{bmatrix}1 & \frac{1}{2} & \frac{1}{3} & \frac{1}{4} & \frac{1}{5}\\ 2 & 1 & \frac{2}{3} & \frac{2}{4} & \frac{2}{5}\\ 3 & \frac{3}{2} & 1 & \frac{3}{4} & \frac{3}{5}\\ 4 & 2 & \frac{4}{3} & 1 & \frac{4}{5}\\ 5 & \frac{5}{2} & \frac{5}{3} & \frac{5}{4} & 1\end{bmatrix}。$$

例 2.15 设 $B=\begin{bmatrix}1 & 0 & 0\\0 & 0 & 0\\0 & 0 & 1\end{bmatrix}$，$P=\begin{bmatrix}1 & 0 & 0\\2 & -1 & 0\\2 & 1 & 1\end{bmatrix}$，满足 $AP=PB$，求 A、A^9。

解 由于$|\boldsymbol{P}|=\begin{vmatrix}1&0&0\\2&-1&0\\2&1&1\end{vmatrix}=-1\neq 0$，故 $\boldsymbol{P}$ 是可逆的，且 $\boldsymbol{P}^{-1}=\begin{bmatrix}1&0&0\\2&-1&0\\-4&1&1\end{bmatrix}$。

由题意，$\boldsymbol{A}=\boldsymbol{PBP}^{-1}=\begin{bmatrix}1&0&0\\2&-1&0\\2&1&1\end{bmatrix}\begin{bmatrix}1&0&0\\0&0&0\\0&0&1\end{bmatrix}\begin{bmatrix}1&0&0\\2&-1&0\\-4&1&1\end{bmatrix}=\begin{bmatrix}1&0&0\\2&0&0\\6&-1&-1\end{bmatrix}$。

又 $\boldsymbol{A}^9=\boldsymbol{PBP}^{-1}\cdots\boldsymbol{PBP}^{-1}=\boldsymbol{PB}^9\boldsymbol{P}^{-1}=\boldsymbol{PBP}^{-1}=\boldsymbol{A}=\begin{bmatrix}1&0&0\\2&0&0\\6&-1&-1\end{bmatrix}$。

例 2.16 设 $\boldsymbol{A}=\begin{bmatrix}1&\lambda\\0&1\end{bmatrix}$，求 $\boldsymbol{A}^n$。

解 由于 $\boldsymbol{A}^2=\boldsymbol{AA}=\begin{bmatrix}1&\lambda\\0&1\end{bmatrix}\begin{bmatrix}1&\lambda\\0&1\end{bmatrix}=\begin{bmatrix}1&2\lambda\\0&1\end{bmatrix}$，因此

$$\boldsymbol{A}^3=\boldsymbol{A}^2\boldsymbol{A}=\begin{bmatrix}1&2\lambda\\0&1\end{bmatrix}\begin{bmatrix}1&\lambda\\0&1\end{bmatrix}=\begin{bmatrix}1&3\lambda\\0&1\end{bmatrix}。$$

不妨假设 $\boldsymbol{A}^n=\begin{bmatrix}1&n\lambda\\0&1\end{bmatrix}$成立。下面用归纳法证明。当 $k=2$ 时，显然成立。假设 $k=n-1$时也成立，即 $\boldsymbol{A}^{n-1}=\begin{bmatrix}1&(n-1)\lambda\\0&1\end{bmatrix}$，则当 $k=n$ 时，

$$\boldsymbol{A}^n=\boldsymbol{A}^{n-1}\boldsymbol{A}=\begin{bmatrix}1&(n-1)\lambda\\0&1\end{bmatrix}\begin{bmatrix}1&\lambda\\0&1\end{bmatrix}=\begin{bmatrix}1&n\lambda\\0&1\end{bmatrix},$$

故结论成立，即 $\boldsymbol{A}^n=\begin{bmatrix}1&n\lambda\\0&1\end{bmatrix}$。

2.4 独立作业

2.4.1 基础练习

一、选择题

1. 设 $\boldsymbol{A}$、$\boldsymbol{B}$ 均为 n 阶矩阵，下列命题正确的是(　　)。

(A)$\boldsymbol{AB}=\boldsymbol{O}\Rightarrow\boldsymbol{A}=\boldsymbol{O}$ 或 $\boldsymbol{B}=\boldsymbol{O}$　　(B)$\boldsymbol{AB}\neq\boldsymbol{O}\Leftrightarrow\boldsymbol{A}\neq\boldsymbol{O}$ 且 $\boldsymbol{B}\neq\boldsymbol{O}$

(C)$\boldsymbol{AB}=\boldsymbol{O}\Rightarrow|\boldsymbol{A}|=0$ 或 $|\boldsymbol{B}|=0$　　(D)$\boldsymbol{AB}\neq\boldsymbol{O}\Leftrightarrow|\boldsymbol{A}|\neq 0$ 且 $|\boldsymbol{B}|\neq 0$

2. 设 n 阶矩阵满足 $\boldsymbol{ABC}=\boldsymbol{E}$，则有(　　)。

(A)$\boldsymbol{CAB}=\boldsymbol{E}$　　(B)$\boldsymbol{CBA}=\boldsymbol{E}$　　(C)$\boldsymbol{BAC}=\boldsymbol{E}$　　(D)$\boldsymbol{BCA}=\boldsymbol{E}$

3. 设 $\boldsymbol{A}=\begin{bmatrix}0 & 3 & -4\\ 1 & 0 & 0\\ 0 & 2 & 1\end{bmatrix}$，则 $|k\boldsymbol{A}|=$（　　）。

(A) $-11k^3$　　(B) $11k^3$　　(C) $-11k$　　(D) $11k$

4. 下列命题正确的是（　　）。

(A)若 $\boldsymbol{A}$ 是 n 阶方阵，且 $|\boldsymbol{A}|\neq 0$，则 $\boldsymbol{A}$ 可逆

(B)若 $\boldsymbol{A}$、$\boldsymbol{B}$ 是 n 阶可逆方阵，则 $\boldsymbol{A}+\boldsymbol{B}$ 也可逆

(C)若 $\boldsymbol{A}$ 是不可逆方阵，则必有 $\boldsymbol{A}=\boldsymbol{O}$

(D)若 $\boldsymbol{A}$ 是 n 阶方阵，则 $\boldsymbol{A}$ 可逆 $\Leftrightarrow \boldsymbol{A}^{\mathrm{T}}$ 可逆

二、填空题

5. 设 $\boldsymbol{A}_1=\begin{bmatrix}1 & 0\\ 0 & 3\end{bmatrix}$，$\boldsymbol{A}_2=\begin{bmatrix}1 & -1\\ 1 & 0\end{bmatrix}$，$\boldsymbol{A}=\begin{bmatrix}\boldsymbol{A}_1 & \boldsymbol{O}\\ \boldsymbol{O} & \boldsymbol{A}_2\end{bmatrix}$，则 $\boldsymbol{A}^{-1}=$__________。

6. 已知 $\boldsymbol{A}=\begin{bmatrix}3 & 0 & 0\\ 1 & 4 & 0\\ 0 & 0 & 3\end{bmatrix}$，则 $\boldsymbol{A}-2\boldsymbol{E}=$__________。

7. 设矩阵 $\boldsymbol{B}$ 满足 $\boldsymbol{A}\boldsymbol{B}-\boldsymbol{A}^2=3\boldsymbol{B}-9\boldsymbol{E}$，其中 $\boldsymbol{E}$ 为三阶单位矩阵，$\boldsymbol{A}=\begin{bmatrix}1 & 0 & 1\\ 0 & 2 & 0\\ 0 & 0 & 4\end{bmatrix}$，则 $\boldsymbol{B}=$__________。

8. 已知 $\boldsymbol{B}=\begin{bmatrix}1 & -2 & 0\\ 2 & 1 & 0\\ 0 & 0 & 2\end{bmatrix}$，满足 $\boldsymbol{A}\boldsymbol{B}-\boldsymbol{B}=\boldsymbol{A}$，则 $\boldsymbol{A}=$__________。

三、计算题

9. 设 $\boldsymbol{A}=\begin{bmatrix}1 & 0\\ 2 & 1\\ 1 & 3\end{bmatrix}$，$\boldsymbol{B}=\begin{bmatrix}2 & 1\\ 0 & -1\\ 4 & 0\end{bmatrix}$，求矩阵 $\boldsymbol{X}$，使 $3\boldsymbol{A}+2\boldsymbol{X}=\boldsymbol{B}$ 成立。

2.4.2 提高练习

一、选择题

1. 设 $\boldsymbol{A}$ 为 n 阶矩阵,且有 $\boldsymbol{A}^2=\boldsymbol{A}$,则结论正确的是(　　)。

(A)$\boldsymbol{A}=\boldsymbol{O}$　　(B)$\boldsymbol{A}=\boldsymbol{E}$

(C)若 $\boldsymbol{A}$ 不可逆,则 $\boldsymbol{A}=\boldsymbol{O}$　　(D)若 $\boldsymbol{A}$ 可逆,则 $\boldsymbol{A}^2=\boldsymbol{E}$

2. 已知 $\boldsymbol{A}=\begin{bmatrix} a_{11} & a_{12} \\ a_{21} & a_{22} \end{bmatrix}$,$\boldsymbol{B}=\begin{bmatrix} a_{11} & x \\ a_{21} & y \end{bmatrix}$,且 $|\boldsymbol{A}|=1$,$|\boldsymbol{B}|=1$,则 $|\boldsymbol{A}+\boldsymbol{B}|=$(　　)。

(A)2　　(B)3　　(C)4　　(D)5

3. 设 $\boldsymbol{A}=(a_{ij})$,$\boldsymbol{B}=(b_{ji})$是两个 n 阶方阵,则 $\boldsymbol{AB}$ 的第 i 行是(　　)。

(A)$\boldsymbol{B}$ 的各行的线性组合,组合系数是 $\boldsymbol{A}$ 的第 i 行各元素

(B)$\boldsymbol{A}$ 的各行的线性组合,组合系数是 $\boldsymbol{B}$ 的第 i 行各元素

(C)$\boldsymbol{B}$ 的各行的线性组合,组合系数是 $\boldsymbol{A}$ 的第 i 列各元素

(D)$\boldsymbol{A}$ 的各行的线性组合,组合系数是 $\boldsymbol{B}$ 的第 i 列各元素

4. 设 $\boldsymbol{A}$、$\boldsymbol{B}$、$\boldsymbol{C}$ 为可逆矩阵,则$(\boldsymbol{ACB}^{-1})^{-1}=$(　　)。

(A)$(\boldsymbol{B}^{\mathrm{T}})^{-1}\boldsymbol{A}^{-1}\boldsymbol{C}^{-1}$　　(B)$\boldsymbol{B}^{\mathrm{T}}\boldsymbol{C}^{-1}\boldsymbol{A}^{-1}$

(C)$\boldsymbol{A}^{-1}\boldsymbol{C}^{-1}(\boldsymbol{B}^{\mathrm{T}})^{-1}$　　(D)$(\boldsymbol{B}^{-1})^{\mathrm{T}}\boldsymbol{C}^{-1}\boldsymbol{A}^{-1}$

5. 设 $\boldsymbol{A}$ 为 n 阶矩阵,$\boldsymbol{A}^*$ 为其伴随矩阵,则 $|k\boldsymbol{A}^*|=$(　　)。

(A)$k^n|k\boldsymbol{A}|$　　(B)$k\ |\boldsymbol{A}|^n$　　(C)$k^n|\boldsymbol{A}|^{n-1}$　　(D)$k^{n-1}|k\boldsymbol{A}|^n$

二、填空题

6. 设 3 阶矩阵 $\boldsymbol{A}$ 的行列式 $|\boldsymbol{A}|=3$,$\boldsymbol{A}^*$ 为 $\boldsymbol{A}$ 的伴随矩阵,则 $|3\boldsymbol{A}^{-1}-2\boldsymbol{A}^*|=$________。

7. 已知 $\boldsymbol{A}=\begin{bmatrix} \cos\theta & \sin\theta \\ \sin\theta & -\cos\theta \end{bmatrix}$,则 $\boldsymbol{A}^{-1}=$____________。

三、综合题

8. 设 3 阶矩阵 $\boldsymbol{A}$、$\boldsymbol{B}$ 满足关系式 $\boldsymbol{A}^{-1}\boldsymbol{BA}=6\boldsymbol{A}+\boldsymbol{BA}$,$\boldsymbol{A}=\begin{bmatrix} \frac{1}{3} & 0 & 0 \\ 0 & \frac{1}{4} & 0 \\ 0 & 0 & \frac{1}{7} \end{bmatrix}$,求 $\boldsymbol{B}$。

9. 设 $\boldsymbol{AXB}=\boldsymbol{AX}+\boldsymbol{A}^2\boldsymbol{B}-\boldsymbol{A}^2+\boldsymbol{B}$，求 $\boldsymbol{X}$，其中 $\boldsymbol{A}=\begin{bmatrix}1&1&-1\\0&1&1\\0&0&-1\end{bmatrix}$，$\boldsymbol{B}=\begin{bmatrix}2&0&1\\0&2&0\\0&0&2\end{bmatrix}$。

10. 设 $\boldsymbol{A}$、$\boldsymbol{B}$ 均为 n 阶方阵，若 $\boldsymbol{A}+\boldsymbol{B}=\boldsymbol{AB}$，求 $(\boldsymbol{A}-\boldsymbol{E})^{-1}$。

11. 设 $\boldsymbol{A}=\begin{bmatrix}1&0&0\\1&2&0\\1&1&2\end{bmatrix}$，$\boldsymbol{A}^*$ 为 $\boldsymbol{A}$ 的伴随矩阵，求 $(\boldsymbol{A}^*)^{-1}$。

2.4.3 考研连线

1. 设 $\boldsymbol{A}=\begin{bmatrix}1 & 2 & 3\\ 2 & 4 & 6\\ 3 & 6 & 9\end{bmatrix}$，求 $\boldsymbol{A}^n$。

2. 设 $\boldsymbol{A}$ 为 n 阶矩阵，试证明：

(1) $\boldsymbol{A}+\boldsymbol{A}^{\mathrm{T}}$ 为对称矩阵，$\boldsymbol{A}-\boldsymbol{A}^{\mathrm{T}}$ 为反对称矩阵；

(2) $\boldsymbol{A}$ 可以表示成一个对称矩阵与一个反对称矩阵之和。

3. 设 3 阶方阵 $\boldsymbol{A}$、$\boldsymbol{B}$ 满足 $\boldsymbol{A}^2\boldsymbol{B}-\boldsymbol{A}-\boldsymbol{B}=\boldsymbol{E}$，其中 $\boldsymbol{A}=\begin{bmatrix}1 & 0 & 1\\0 & 2 & 0\\-2 & 0 & 1\end{bmatrix}$，$\boldsymbol{E}$ 为 3 阶单位矩阵，则 $|\boldsymbol{B}|=$__________。

4. 设 $\boldsymbol{A}=\begin{bmatrix}1 & 0 & 0\\0 & -2 & 0\\0 & 0 & 1\end{bmatrix}$，$\boldsymbol{A}^*\boldsymbol{B}\boldsymbol{A}=2\boldsymbol{B}\boldsymbol{A}-8\boldsymbol{E}$，求 $\boldsymbol{B}$。

5. 设矩阵 $\boldsymbol{A}$ 的伴随矩阵 $\boldsymbol{A}^*=\begin{bmatrix}1 & 0 & 0 & 0\\0 & 1 & 0 & 0\\1 & 0 & 1 & 0\\0 & -3 & 0 & 8\end{bmatrix}$，且 $\boldsymbol{A}\boldsymbol{B}\boldsymbol{A}^{-1}=\boldsymbol{B}\boldsymbol{A}^{-1}+3\boldsymbol{E}$，其中 $\boldsymbol{E}$ 为单位矩阵，求 $\boldsymbol{B}$。

第 3 章　矩阵的初等变换与线性方程组

3.1　学习目标

1. 掌握矩阵的初等变换及初等矩阵的概念，并会用初等变换求逆矩阵。

2. 理解矩阵秩的概念并掌握其性质和求法。

3. 理解齐次线性方程组有非零解的充要条件及非齐次性线性方程组有解的充要条件。

4. 掌握用初等行变换求线性方程组通解的方法。

3.2　重要公式与结论

3.2.1　矩阵的秩

1. 对于任意矩阵 $\boldsymbol{A}$，总可以通过初等行变换将其化为行阶梯形，$\boldsymbol{A}$ 的行阶梯形中非零行的行数就等于矩阵 $\boldsymbol{A}$ 的秩。

2. 矩阵秩的性质：

(1) $0 \leqslant R(\boldsymbol{A}_{m\times n}) \leqslant \min\{m,n\}$。

(2) $R(\boldsymbol{A}^{\mathrm{T}})=R(\boldsymbol{A})$。

(3) 若 $\boldsymbol{A}\sim\boldsymbol{B}$，则 $R(\boldsymbol{A})=R(\boldsymbol{B})$。

(4) 若 $\boldsymbol{P}$、$\boldsymbol{Q}$ 可逆，则 $R(\boldsymbol{PAQ})=R(\boldsymbol{A})$。

(5) $\max\{R(\boldsymbol{A}),R(\boldsymbol{B})\} \leqslant R(\boldsymbol{A},\boldsymbol{B}) \leqslant R(\boldsymbol{A})+R(\boldsymbol{B})$。

(6) $R(\boldsymbol{A}+\boldsymbol{B}) \leqslant R(\boldsymbol{A})+R(\boldsymbol{B})$。

(7) $R(\boldsymbol{AB}) \leqslant \min\{R(\boldsymbol{A}),R(\boldsymbol{B})\}$。

(8) 若 $\boldsymbol{A}_{m\times n}\boldsymbol{B}_{n\times s}=\boldsymbol{O}$，则 $R(\boldsymbol{A})+R(\boldsymbol{B}) \leqslant n$。

3.2.2　初等矩阵与矩阵求逆

1. 三种初等变换对应着三种初等矩阵 $\boldsymbol{E}(i,j)$，$\boldsymbol{E}(i(k))$，$\boldsymbol{E}(i,j(k))$，且初等矩阵具有以下性质：

$$\det\boldsymbol{E}(i,j)=-1,\ \det\boldsymbol{E}(i(k))=k\neq 0,\ \det\boldsymbol{E}(i,j(k))=1$$

$$E(i,j)^{-1}=E(i,j),E(i(k))^{-1}=E\left(i\left(\frac{1}{k}\right)\right),E(i,j(k))^{-1}=E(i,j(-k))$$

2. 设 $\boldsymbol{A}$ 是一个 $m\times n$ 矩阵，对 $\boldsymbol{A}$ 施行一次初等行变换，相当于在 $\boldsymbol{A}$ 的左边乘以相应的 m 阶初等矩阵；对 $\boldsymbol{A}$ 施行一次初等列变换，相当于在 $\boldsymbol{A}$ 的右边乘以相应的 n 阶初等矩阵。

3. 方阵 $\boldsymbol{A}$ 可逆的充分必要条件是存在有限个初等矩阵 $\boldsymbol{P}_1,\boldsymbol{P}_2,\cdots,\boldsymbol{P}_i$，使得 $\boldsymbol{A}=\boldsymbol{P}_1\boldsymbol{P}_2\cdots\boldsymbol{P}_i$。

4. 方阵 $\boldsymbol{A}$ 可逆的充要条件是 $\boldsymbol{A}\xrightarrow{r}\boldsymbol{E}$。

5. $m\times n$ 阵 $\boldsymbol{A}\sim\boldsymbol{B}$ 的充要条件是存在 m 阶可逆矩阵 $\boldsymbol{P}$ 及 n 阶可逆矩阵 $\boldsymbol{Q}$，使 $\boldsymbol{PAQ}=\boldsymbol{B}$。

6. 对于方阵 $\boldsymbol{A}$，若 $(\boldsymbol{A},\boldsymbol{E})\xrightarrow{r}(\boldsymbol{E},\boldsymbol{X})$，则(1)$\boldsymbol{A}$ 可逆；(2)$\boldsymbol{X}=\boldsymbol{A}^{-1}$。

7. 设有 n 阶矩阵 $\boldsymbol{A}$ 及 $n\times s$ 阶矩阵 $\boldsymbol{B}$，若 $(\boldsymbol{A}\mid\boldsymbol{B})\xrightarrow{r}(\boldsymbol{E}\mid\boldsymbol{X})$，则(1)$\boldsymbol{A}$ 可逆；(2)$\boldsymbol{X}=\boldsymbol{A}^{-1}\boldsymbol{B}$。

3.2.3 线性方程组的解

1. n 元线性方程组 $\boldsymbol{A}_{m\times n}\boldsymbol{x}=\boldsymbol{b}$，则其

(1)无解的充要条件是 $R(\boldsymbol{A})<R(\boldsymbol{A},\boldsymbol{b})$。

(2)有解的充要条件是 $R(\boldsymbol{A})=R(\boldsymbol{A},\boldsymbol{b})$。

(3)有唯一解的充要条件是 $R(\boldsymbol{A})=R(\boldsymbol{A},\boldsymbol{b})=n$。

(4)有无穷多解的充要条件是 $R(\boldsymbol{A})=R(\boldsymbol{A},\boldsymbol{b})<n$。

2. n 元齐次线性方程组 $\boldsymbol{A}_{m\times n}\boldsymbol{x}=\boldsymbol{0}$ 有非零解的充要条件是 $R(\boldsymbol{A})<n$。

3.3 典型例题分析

例 3.1 设 $\boldsymbol{A}=\begin{bmatrix}2&-3&8&2\\2&12&-2&12\\1&3&1&4\end{bmatrix}$，求 $R(\boldsymbol{A})$。

分析 对于一个具体的矩阵求秩问题，先对矩阵进行初等行变换将其化为行阶梯形，再根据行阶梯形的非零行数判断矩阵的秩。

解 $\boldsymbol{A}\xrightarrow{r}\begin{bmatrix}1&3&1&4\\0&6&-4&4\\0&0&0&0\end{bmatrix}$，故 $R(\boldsymbol{A})=2$。

例 3.2 设 $\boldsymbol{A}=\begin{bmatrix}1&1&2&2&3\\0&1&1&-1&-1\\2&3&a+2&3&a+6\\4&0&4&a+7&a+11\end{bmatrix}$，则 $\boldsymbol{A}$ 的秩 $R(\boldsymbol{A})$(　　)。

(A)必为 2 (B)必为 3

(C)可能为 2,也可能为 3 (D)可能为 3,也可能为 4

分析 先将 $\boldsymbol{A}$ 化为行阶梯形,再确定矩阵的秩。

解 因为 $\boldsymbol{A}\xrightarrow{r}\begin{bmatrix}1&1&2&2&3\\0&1&1&-1&-1\\0&0&a-3&0&a+1\\0&0&0&a-5&a-5\end{bmatrix}$,可知当 $a=5$ 时,$R(\boldsymbol{A})=3$,否则 $R(\boldsymbol{A})=4$。

例 3.3 设 4 阶方阵 $\boldsymbol{A}$ 的秩为 2,则其伴随矩阵 $\boldsymbol{A}^*$ 的秩为( )。

(A)0 (B)2 (C)3 (D)4

解 由 4 阶方阵 $\boldsymbol{A}$ 的秩为 2,其伴随矩阵 $\boldsymbol{A}^*=\boldsymbol{O}$,故 $\boldsymbol{A}^*$ 的秩为 0。

例 3.4 设 $n(n\geqslant3)$ 阶矩阵 $\boldsymbol{A}=\begin{bmatrix}1&a&a&\cdots&a\\a&1&a&\cdots&a\\a&a&1&\cdots&a\\\vdots&\vdots&\vdots&&\vdots\\a&a&a&\cdots&a\end{bmatrix}$,$R(\boldsymbol{A})=n-1$,则 $a=$( )。

(A)1 (B)$\dfrac{1}{1-n}$ (C)-1 (D)$\dfrac{1}{n-1}$

解 因为 $R(\boldsymbol{A})=n-1$,所以 $|\boldsymbol{A}|=0$,又 $|\boldsymbol{A}|=(1-a)^{n-1}[(n-1)a+1]$,故 $a=1$ 或 $a=\dfrac{1}{1-n}$。

当 $a=1$ 时,易知 $R(\boldsymbol{A})=1$;当 $a=\dfrac{1}{1-n}$时,$R(\boldsymbol{A})=n-1$。

例 3.5 设 $\boldsymbol{A}$ 是 3 阶矩阵,已知 $\boldsymbol{A}+2\boldsymbol{E}=\begin{bmatrix}3&0&1\\0&1&0\\1&0&3\end{bmatrix}$,则 $R(\boldsymbol{A}^2+2\boldsymbol{A})=$__________。

解 因为 $|\boldsymbol{A}+2\boldsymbol{E}|=8\neq0$,所以 $\boldsymbol{A}+2\boldsymbol{E}$ 为可逆矩阵,又

$$\boldsymbol{A}=\boldsymbol{A}+2\boldsymbol{E}-2\boldsymbol{E}=\begin{bmatrix}1&0&1\\0&-1&0\\1&0&1\end{bmatrix},$$

可得 $R(\boldsymbol{A})=2$。故 $R(\boldsymbol{A}^2+2\boldsymbol{A})=R(\boldsymbol{A}(\boldsymbol{A}+\boldsymbol{E}))=R(\boldsymbol{A})=2$。

例 3.6 设 $\boldsymbol{A}^*$ 是 n 阶矩阵 $\boldsymbol{A}$ 的伴随矩阵,证明:

(1)$|\boldsymbol{A}^*|=|\boldsymbol{A}|^{n-1}$; (2)$R(\boldsymbol{A}^*)=\begin{cases}n, & R(\boldsymbol{A})=n\\1, & R(\boldsymbol{A})=n-1\\0, & R(\boldsymbol{A})<n-1\end{cases}$。

分析 联想到矩阵的秩及 A^* 的定义。

证明 (1)当 $|A|\neq 0$ 时，由 $AA^*=|A|E$，知 $|A||A^*|=|A|^n$，故 $|A^*|=|A|^{n-1}$。当 $|A|=0$ 时，由 $AA^*=|A|E=O$，得 $|A^*|=0$，因为假设 $|A^*|\neq 0$，所以 A^* 是可逆矩阵。由 $AA^*=O$，知 $A=O$，与 $|A^*|\neq 0$ 矛盾。因此，当 $|A|=0$ 时也有 $|A^*|=|A|^{n-1}$。

(2)当 $R(A)=n$ 时，则 $|A|\neq 0$，由 $AA^*=|A|E$ 知，两边取行列式得 $|A||A^*|=|A|^n$，即 $|A^*|=|A|^{n-1}\neq 0$，所以 $R(A^*)=n$；

当 $R(A)=n-1$ 时，由定义知 A 有 $n-1$ 阶非零子式，这时 $A^*=(A_{ij})^{\mathrm{T}}\neq O$，即 $R(A^*)\geqslant 1$，而 $AA^*=|A|E=O$，由性质知 $R(A)+R(A^*)\leqslant n$，推得 $R(A^*)\leqslant 1$，综上可得 $R(A^*)=1$。

当 $R(A)\leqslant n-2$ 时，则 A 的所有 $n-1$ 阶子式全为零，即 $A^*=O$，由此可知 $R(A^*)=0$。

例 3.7 设 $A=\begin{bmatrix} a_1b_1 & a_1b_2 & \cdots & a_1b_n \\ a_2b_1 & a_2b_2 & \cdots & a_2b_n \\ \vdots & \vdots & & \vdots \\ a_nb_1 & a_nb_2 & \cdots & a_nb_n \end{bmatrix}$，$a_ib_j\neq 0$，$i,j=1,2,\cdots,n$，求 $R(A)$、$R(A^2)$。

解 因为 $A=\begin{bmatrix} a_1b_1 & a_1b_2 & \cdots & a_1b_n \\ a_2b_1 & a_2b_2 & \cdots & a_2b_n \\ \vdots & \vdots & & \vdots \\ a_nb_1 & a_nb_2 & \cdots & a_nb_n \end{bmatrix}=\begin{bmatrix} a_1 \\ a_2 \\ \vdots \\ a_n \end{bmatrix}[b_1 \quad b_2 \quad \cdots \quad b_n]$，知 $R(A)\leqslant 1$，由已知 $a_ib_j\neq 0$ 得，$R(A)\geqslant 1$，故 $R(A)=1$。

因为 $A^2=\begin{bmatrix} a_1 \\ a_2 \\ \vdots \\ a_n \end{bmatrix}[b_1 \quad b_2 \quad \cdots \quad b_n]\begin{bmatrix} a_1 \\ a_2 \\ \vdots \\ a_n \end{bmatrix}[b_1 \quad b_2 \quad \cdots \quad b_n]=\left(\sum_{i=1}^{n}a_ib_i\right)A$，故

$$R(A^2)=\begin{cases} 1, & \sum_{i=1}^{n}a_ib_i\neq 0 \\ 0, & \sum_{i=1}^{n}a_ib_i=0 \end{cases}。$$

例 3.8 已知 $A=\begin{bmatrix} 1 & 2 & 3 \\ 2 & 1 & 2 \\ 1 & 3 & 4 \end{bmatrix}$，求 A^{-1}。

分析 求矩阵的逆矩阵有两种方法，一种是利用公式，另一种是利用矩阵的初等变换，其中后一种是比较常用的方法，特别是对于阶数高于 3 阶的矩阵。

解 $(\boldsymbol{A}|\boldsymbol{E})=\left[\begin{array}{cccc|cc}1&2&3&1&0&0\\2&1&2&0&1&0\\1&3&4&0&0&1\end{array}\right]\xrightarrow{r}\left[\begin{array}{ccc|ccc}1&0&0&-2&1&1\\0&1&0&-6&1&4\\0&0&1&5&-1&-3\end{array}\right]$，故

$$\boldsymbol{A}^{-1}=\begin{bmatrix}-2&1&1\\-6&1&4\\5&-1&-3\end{bmatrix}。$$

例 3.9 设 $\boldsymbol{X}=\boldsymbol{AX}+\boldsymbol{B}$，求 $\boldsymbol{X}$，其中 $\boldsymbol{A}=\begin{bmatrix}0&1&0\\-1&1&1\\1&0&-1\end{bmatrix}$，$\boldsymbol{B}=\begin{bmatrix}1&-1\\2&0\\5&-3\end{bmatrix}$。

解 由 $\boldsymbol{X}=\boldsymbol{AX}+\boldsymbol{B}$ 得 $(\boldsymbol{E}-\boldsymbol{A})\boldsymbol{X}=\boldsymbol{B}$

$$(\boldsymbol{E}-\boldsymbol{A}|\boldsymbol{B})=\left[\begin{array}{ccc|cc}1&-1&0&1&-1\\1&0&-1&2&0\\-1&0&2&5&-3\end{array}\right]\xrightarrow{r}\left[\begin{array}{ccc|cc}1&0&-1&2&0\\0&-1&2&6&-4\\0&0&1&7&-3\end{array}\right]$$

$$\xrightarrow{r}\left[\begin{array}{ccc|cc}1&0&0&9&-3\\0&1&0&8&-2\\0&0&1&7&-3\end{array}\right],$$

所以 $\boldsymbol{X}=(\boldsymbol{E}-\boldsymbol{A})^{-1}\boldsymbol{B}=\begin{bmatrix}9&-3\\8&-2\\7&-3\end{bmatrix}$。

例 3.10 方程组$\begin{cases}ax_1+x_2+a^2x_3=0\\x_1+ax_2+x_3=0\\x_1+x_2+ax_3=0\end{cases}$的系数矩阵为 $\boldsymbol{A}$，若存在 3 阶非零矩阵 $\boldsymbol{B}$，使 $\boldsymbol{AB}=\boldsymbol{O}$，则(　　)。

(A)$a=-2$ 且 $|\boldsymbol{B}|=0$　　(B)$a=-2$ 且 $|\boldsymbol{B}|\neq 0$

(C)$a=1$ 且 $|\boldsymbol{B}|=0$　　(D)$a=-1$ 且 $|\boldsymbol{B}|\neq 0$

解 因为 $|\boldsymbol{A}|=1-a^2$，又 $\boldsymbol{AB}=\boldsymbol{O}$，且 $\boldsymbol{B}\neq\boldsymbol{O}$，故 $|\boldsymbol{A}|=0$ 即 $a=1$ 或 -1，在 4 个备选答案中只能选择 C 和 D。在考虑到 $a=1$ 时，显然 $\boldsymbol{A}\neq\boldsymbol{0}$，若 $|\boldsymbol{B}|\neq\boldsymbol{O}$，则 $\boldsymbol{AB}\neq\boldsymbol{O}$，故选 C。

例 3.11 求齐次线性方程组$\begin{cases}x_1-x_2-x_3+x_4=0\\x_1-x_2+x_3-3x_4=0\\x_1-x_2-2x_3+3x_4=0\end{cases}$的通解。

解 系数矩阵经过初等变换得

$$\boldsymbol{A}=\begin{bmatrix}1&-1&-1&1\\1&-1&1&-3\\1&-1&-2&3\end{bmatrix}\xrightarrow{r}\begin{bmatrix}1&-1&0&-1\\0&0&1&-2\\0&0&0&0\end{bmatrix},$$

由 $R(\mathbf{A})=2,n=4$ 知方程组有无穷多组解，得同解方程组$\begin{cases}x_1-x_2-x_4=0\\x_3-2x_4=0\end{cases}$，移项后得

$$\begin{cases}x_1=x_2+x_4\\x_3=2x_4\end{cases}。$$

令 $x_2=t_1,x_4=t_2$，得 $\boldsymbol{x}=\begin{bmatrix}1\\1\\0\\0\end{bmatrix}t_1+\begin{bmatrix}1\\0\\2\\1\end{bmatrix}t_2(t_1,t_2\in\mathbf{R})$。

例 3.12 求解线性方程组$\begin{cases}x_1+x_2-2x_4+x_5=-1\\-2x_1-x_2+x_3-4x_4+2x_5=1\\-x_1+x_2-x_3-2x_4+x_5=2\end{cases}$。

解 对增广矩阵$[\mathbf{A}\mid\boldsymbol{b}]$进行初等行变换

$$[\mathbf{A}\mid\boldsymbol{b}]=\left[\begin{array}{ccccc|c}1&1&0&-2&1&-1\\-2&-1&1&-4&2&1\\-1&1&-1&-2&1&2\end{array}\right]\xrightarrow{r}\left[\begin{array}{ccccc|c}1&0&0&2&-1&-1\\0&1&0&-4&2&0\\0&0&1&-4&2&-1\end{array}\right],$$

$R(\mathbf{A})=R(\mathbf{A}|\boldsymbol{b})=3<5$，所以方程组有无穷多解，令 $x_4=c_1,x_5=c_2$，得

$$\begin{bmatrix}x_1\\x_2\\x_3\\x_4\\x_5\end{bmatrix}=\begin{bmatrix}-2c_1+c_2-1\\4c_1-2c_2\\4c_1-2c_2-1\\c_1\\c_2\end{bmatrix}=c_1\begin{bmatrix}-2\\4\\4\\1\\0\end{bmatrix}+c_2\begin{bmatrix}1\\-2\\-2\\1\\0\end{bmatrix}+\begin{bmatrix}-1\\0\\-1\\0\\0\end{bmatrix},(c_1,c_2\in\mathbf{R})。$$

例 3.13 设有线性方程组$\begin{cases}(1+\lambda)x_1+x_2+x_3=0\\x_1+(1+\lambda)x_2+x_3=3\\x_1+x_2+(1+\lambda)x_3=\lambda\end{cases}$，问 λ 取何值时，此方程组(1)有唯一解；(2)无解；(3)有无穷多个解？并在有无穷多个解时求其通解。

分析 因为方程组的系数矩阵 $\mathbf{A}$ 为方阵，所以可以先讨论$|\mathbf{A}|=0$ 时 λ 的取值，给讨论带来方便。

解 因系数矩阵 $\mathbf{A}$ 为方阵，故方阵有唯一解的充要条件是系数行列式$|\mathbf{A}|\neq0$。而

$$|\mathbf{A}|=\begin{vmatrix}1+\lambda&1&1\\1&1+\lambda&1\\1&1&1+\lambda\end{vmatrix}=(3+\lambda)\lambda^2,$$

因此，$\lambda\neq0$ 且 $\lambda\neq-3$ 时方程组有唯一解。

当 $\lambda=0$ 时，$\boldsymbol{B}=\begin{bmatrix}1&1&1&0\\1&1&1&3\\1&1&1&0\end{bmatrix}\xrightarrow{r}\begin{bmatrix}1&1&1&0\\0&0&0&1\\0&0&0&0\end{bmatrix}$，知 $R(\boldsymbol{A})=1,R(\boldsymbol{B})=2$，故方程组无解。

当 $\lambda=-3$ 时，$\boldsymbol{B}=\begin{bmatrix}-2&1&1&0\\1&-2&1&3\\1&1&-2&-3\end{bmatrix}\xrightarrow{r}\begin{bmatrix}1&0&-1&-1\\0&1&-1&-2\\0&0&0&0\end{bmatrix}$，知 $R(\boldsymbol{A})=R(\boldsymbol{B})=2$，故方程组有无穷多个解，且通解为 $\begin{bmatrix}x_1\\x_2\\x_3\end{bmatrix}=c\begin{bmatrix}1\\1\\1\end{bmatrix}+\begin{bmatrix}-1\\-2\\0\end{bmatrix}(c\in\mathbf{R})$。

3.4 独立作业

3.4.1 基础练习

一、选择题

1. 若矩阵 $\boldsymbol{A}$、$\boldsymbol{B}$、$\boldsymbol{C}$ 满足 $\boldsymbol{A}=\boldsymbol{BC}$，则(　　)。

(A)$R(\boldsymbol{A})=R(\boldsymbol{B})$　　(B)$R(\boldsymbol{A})=R(\boldsymbol{C})$

(C)$R(\boldsymbol{A})\leqslant R(\boldsymbol{B})$　　(D)$R(\boldsymbol{A})\geqslant\max\{R(\boldsymbol{B}),R(\boldsymbol{C})\}$

2. 若非齐次线性方程组 $\boldsymbol{Ax}=\boldsymbol{b}$ 中方程个数少于未知数个数，那么(　　)。

(A)$\boldsymbol{Ax}=\boldsymbol{b}$ 必有无穷多解　　(B)$\boldsymbol{Ax}=\boldsymbol{0}$ 必有非零解

(C)$\boldsymbol{Ax}=\boldsymbol{0}$ 仅有零解　　(D)$\boldsymbol{Ax}=\boldsymbol{0}$ 一定无解

3. 若 $\boldsymbol{a}_1=(1,0,2)^{\mathrm{T}},\boldsymbol{a}_2=(0,1,-1)^{\mathrm{T}}$ 都是线性方程组 $\boldsymbol{Ax}=\boldsymbol{0}$ 的解，则 $\boldsymbol{A}=$(　　)。

(A)$(-2,1,1)$　　(B)$\begin{bmatrix}2&0&-1\\0&1&1\end{bmatrix}$

(C)$\begin{bmatrix}-1&0&2\\0&1&-1\end{bmatrix}$　　(D)$\begin{bmatrix}0&1&-1\\4&-2&-2\\0&1&0\end{bmatrix}$

二、填空题

4. $\boldsymbol{A}$ 是 $m\times n$ 矩阵，齐次线性方程组 $\boldsymbol{Ax}=\boldsymbol{0}$ 有非零解的充要条件是__________。

5. 若方程组 $\begin{cases}x_1+2x_2-x_3=\lambda-1\\3x_2-x_3=\lambda-2\\\lambda x_2-x_3=(\lambda-3)(\lambda-4)+(\lambda-2)\end{cases}$ 有无穷多解，则 $\lambda=$__________。

三、综合题

6. 已知 $A=\begin{bmatrix}1 & 2 & -1\\ 0 & 1 & 1\\ 2 & 5 & -1\end{bmatrix}$，求 $R(A)$。

7. 设矩阵 X 满足关系 $AX=A+2X$，其中 $A=\begin{bmatrix}4 & 2 & 3\\ 1 & 1 & 0\\ -1 & 2 & 3\end{bmatrix}$，求 X。

8. 设矩阵 $A=\begin{bmatrix}1 & 0 & 1\\ 2 & 1 & 0\\ -3 & 2 & -5\end{bmatrix}$，求 $(E-A)^{-1}$。

9. 求解线性方程组

(1)$\begin{cases} x_1+x_2-x_3=1 \\ 2x_1+3x_2-3x_3=3 \\ x_1-3x_2+3x_3=2 \end{cases}$；　　(2)$\begin{cases} x_1+x_2+2x_3-x_4=0 \\ 2x_1+x_2+x_3-x_4=0 \\ 2x_1+2x_2+x_3+2x_4=0 \end{cases}$。

3.4.2 提高练习

一、选择题

1. 设矩阵 $\boldsymbol{A}=\begin{bmatrix} 1 & 2 & 3 & -3 & 2 \\ 3 & 5 & a & -4 & 4 \\ 4 & 5 & 0 & 3 & 7-a \end{bmatrix}$，以下结论正确的是(　　)。

(A)$a=5$ 时，$R(\boldsymbol{A})=2$　　(B)$a=0$ 时，$R(\boldsymbol{A})=4$

(C)$a=1$ 时，$R(\boldsymbol{A})=5$　　(D)$a=2$ 时，$R(\boldsymbol{A})=1$

2. 设 n 阶矩阵 $\boldsymbol{A}$ 与 $\boldsymbol{B}$ 等价，则必有(　　)。

(A)当 $|\boldsymbol{A}|=a(a\neq 0)$ 时，$|\boldsymbol{B}|=a$　　(B)当 $|\boldsymbol{A}|=a(a\neq 0)$ 时，$|\boldsymbol{B}|=-a$

(C)当 $|\boldsymbol{A}|\neq 0$ 时，$|\boldsymbol{B}|=0$　　(D)当 $|\boldsymbol{A}|=0$ 时，$|\boldsymbol{B}|=0$

3. 设 $\boldsymbol{A}=\begin{bmatrix} a & b & b \\ b & a & b \\ b & b & a \end{bmatrix}$，若 $R(\boldsymbol{A}^*)=1$，则必有(　　)。

(A)$a=b$ 或 $a+2b=0$　　(B)$a=b$ 或 $a+2b\neq 0$

(C)$a\neq b$ 或 $a+2b=0$　　(D)$a\neq b$ 或 $a+2b\neq 0$

4. 齐次线性方程组 $\begin{cases} \lambda x_1+x_2+\lambda^2 x_3=0 \\ x_1+\lambda x_2+x_3=0 \\ x_1+x_2+\lambda x_3=0 \end{cases}$ 的系数矩阵记为 $\boldsymbol{A}$，若存在 3 阶矩阵 $\boldsymbol{B}\neq\boldsymbol{O}$，使得 $\boldsymbol{AB}=\boldsymbol{O}$，则(　　)。

(A)$\lambda=-2$ 且 $|\boldsymbol{B}|=0$　　(B)$\lambda=-2$ 且 $|\boldsymbol{B}|\neq 0$

(C)$\lambda=1$ 且 $|\boldsymbol{B}|=0$　　(D)$\lambda=1$ 且 $|\boldsymbol{B}|\neq 0$

5. 设 $\boldsymbol{A}$ 是 3 阶方阵，将 $\boldsymbol{A}$ 的第 1 列与第 2 列交换得到 $\boldsymbol{B}$，再把 $\boldsymbol{B}$ 的第 2 列加到第 3 列得到 $\boldsymbol{C}$，则满足 $\boldsymbol{AQ}=\boldsymbol{C}$ 的可逆矩阵 $\boldsymbol{Q}$ 为(　　)。

(A) $\begin{bmatrix}0&1&0\\1&0&0\\1&0&1\end{bmatrix}$　　(B) $\begin{bmatrix}0&1&0\\1&0&1\\0&0&1\end{bmatrix}$

(C) $\begin{bmatrix}0&1&0\\1&0&0\\0&1&1\end{bmatrix}$　　(D) $\begin{bmatrix}0&1&1\\1&0&0\\0&0&1\end{bmatrix}$

6. 已知 $\boldsymbol{Q}=\begin{bmatrix}1&2&3\\2&4&t\\3&6&9\end{bmatrix}$，$\boldsymbol{P}$ 为 3 阶非零矩阵，且 $\boldsymbol{PQ}=\boldsymbol{O}$，则(　　)。

(A) $t=0$ 时，$R(\boldsymbol{P})=1$　　(B) $t=6$ 时，$R(\boldsymbol{P})=2$

(C) $t\neq 6$ 时，$R(\boldsymbol{P})=1$　　(D) $t\neq 6$ 时，$R(\boldsymbol{P})=2$

7. 设 n 阶矩阵 $\boldsymbol{A}$ 与 n 维列向量 $\boldsymbol{a}$，若 $R\begin{pmatrix}\boldsymbol{A}&\boldsymbol{a}\\\boldsymbol{a}^{\mathrm{T}}&\boldsymbol{0}\end{pmatrix}=R(\boldsymbol{A})$，则线性方程组(　　)。

(A) $\boldsymbol{Ax}=\boldsymbol{a}$ 必有无穷多解　　(B) $\boldsymbol{Ax}=\boldsymbol{a}$ 必有唯一解

(C) $\begin{bmatrix}\boldsymbol{A}&\boldsymbol{a}\\\boldsymbol{a}^{\mathrm{T}}&\boldsymbol{0}\end{bmatrix}\begin{bmatrix}x\\y\end{bmatrix}=0$ 仅有零解　　(D) $\begin{bmatrix}\boldsymbol{A}&\boldsymbol{a}\\\boldsymbol{a}^{\mathrm{T}}&\boldsymbol{0}\end{bmatrix}\begin{bmatrix}x\\y\end{bmatrix}=0$ 必有非零解

二、填空题

8. 设 $\boldsymbol{A}$ 为 5 阶方阵，且 $R(\boldsymbol{A})=3$，则 $R(\boldsymbol{A}^*)=$______。

9. 设 $\boldsymbol{A}$ 是 4×3 矩阵，且 $R(\boldsymbol{A})=2$，而 $\boldsymbol{B}=\begin{bmatrix}1&0&2\\0&2&0\\-1&0&3\end{bmatrix}$，则 $R(\boldsymbol{AB})=$______。

10. 设 $\boldsymbol{A}=\begin{bmatrix}1&2&-2\\4&t&3\\3&-1&1\end{bmatrix}$，$\boldsymbol{B}$ 为 3 阶非零矩阵，且 $\boldsymbol{AB}=\boldsymbol{O}$，则 $t=$______。

11. 设矩阵 $\boldsymbol{A}=\begin{bmatrix}k&1&1&1\\1&k&1&1\\1&1&k&1\\1&1&1&k\end{bmatrix}$，且 $R(\boldsymbol{A})=3$，则 $k=$______。

12. 设 $\boldsymbol{A}=\begin{bmatrix}a_{11}&a_{12}&a_{13}&a_{14}\\a_{21}&a_{22}&a_{23}&a_{24}\\a_{31}&a_{32}&a_{33}&a_{34}\\a_{41}&a_{42}&a_{43}&a_{44}\end{bmatrix}$，$\boldsymbol{B}=\begin{bmatrix}a_{14}&a_{13}&a_{12}&a_{11}\\a_{24}&a_{23}&a_{22}&a_{21}\\a_{34}&a_{33}&a_{32}&a_{31}\\a_{44}&a_{43}&a_{42}&a_{41}\end{bmatrix}$，$\boldsymbol{P}_1=\begin{bmatrix}0&0&0&1\\0&1&0&0\\0&0&1&0\\1&0&0&0\end{bmatrix}$，

$\boldsymbol{P}_2=\begin{bmatrix}1&0&0&0\\0&0&1&0\\0&1&0&0\\0&0&0&1\end{bmatrix}$，其中 $\boldsymbol{A}$ 可逆，则 $\boldsymbol{B}^{-1}=$__________。

13. 设方程组 $\begin{bmatrix}a&1&1\\1&a&1\\1&1&a\end{bmatrix}\begin{bmatrix}x_1\\x_2\\x_3\end{bmatrix}=\begin{bmatrix}1\\1\\-2\end{bmatrix}$ 有无穷多个解，则 $a=$__________。

三、综合题

14. 设 $\boldsymbol{A}=\begin{bmatrix}1&3&3\\1&4&3\\1&3&4\end{bmatrix}$，试将 $\boldsymbol{A}$ 表示为初等矩阵的乘积。

15. 设 $\boldsymbol{A}$ 是 n 阶可逆方阵，将 $\boldsymbol{A}$ 的第 i 行和第 j 行对换后得到的矩阵记为 $\boldsymbol{B}$。(1)证明 $\boldsymbol{B}$ 可逆；(2)求 $\boldsymbol{AB}^{-1}$。

3.4.3 考研连线

1. 已知线性方程组$\begin{bmatrix}1 & 2 & 1\\2 & 3 & a+2\\1 & a & -2\end{bmatrix}\begin{bmatrix}x_1\\x_2\\x_3\end{bmatrix}=\begin{bmatrix}1\\3\\0\end{bmatrix}$无解，则 $a=$______。

2. 设 $\boldsymbol{A}$、$\boldsymbol{B}$ 分别为 $m\times n$、$n\times m$ 矩阵，则齐次方程组 $\boldsymbol{ABx}=\boldsymbol{0}$( )。

(A)当 $n>m$ 时，仅有零解　　(B)当 $n>m$ 时，必有非零解

(C)当 $m>n$ 时，仅有零解　　(D)当 $m>n$ 时，必有非零解

3. 非齐次线性方程组$\begin{cases}(2-\lambda)x_1+2x_2-2x_3=1\\2x_1+(5-\lambda)x_2-4x_3=2\\-2x_1-4x_2+(5-\lambda)x_3=-(1+\lambda)\end{cases}$，问 λ 为何值时，此方程组有唯一解、无解或有无穷多解？在有无穷多解时求其通解。

第 4 章　向量组的线性相关性

4.1　学习目标

1. 了解 n 维向量的概念，并掌握其线性运算的方法。

2. 理解向量线性组合、向量组线性相关性等的若干概念，了解与相关性有关的一些结论，能够正确判断给定的向量是否可用向量组线性表示，以及向量组的线性相关性。

3. 理解向量组的最大无关组的定义与向量组秩的定义，能够正确求解给定向量组的秩及最大无关组。

4. 掌握齐次、非齐次线性方程组的解的性质、解的结构，并会求齐次线性方程组的基础解系。

5. 了解 n 维向量空间、子空间、基底、维数的概念，了解过渡矩阵、基变换公式及坐标变换公式。

4.2　重要公式与结论

4.2.1　向量组及其线性组合

1. 定义。

线性组合：给定向量组(Ⅰ)：$\boldsymbol{a}_1,\boldsymbol{a}_2,\cdots,\boldsymbol{a}_m$ 对于任何一组实数 $k_1,k_2,\cdots,k_m$，表示式 $k_1\boldsymbol{a}_1+k_2\boldsymbol{a}_2+\cdots+k_m\boldsymbol{a}_m$ 称为向量组(Ⅰ)的一个线性组合，$k_1,k_2,\cdots,k_m$ 称为这个线性组合的系数。

线性表示：给定向量组(Ⅰ)：$\boldsymbol{a}_1,\boldsymbol{a}_2,\cdots,\boldsymbol{a}_m$ 和向量 $\boldsymbol{b}$，如果存在一组数 $\lambda_1,\lambda_2,\cdots,\lambda_m$，使 $\boldsymbol{b}=k_1\boldsymbol{a}_1+k_2\boldsymbol{a}_2+\cdots+k_m\boldsymbol{a}_m$，则称向量 $\boldsymbol{b}$ 能由向量组(Ⅰ)线性表示；若向量组(Ⅱ)：$\boldsymbol{b}_1,\boldsymbol{b}_2,\cdots,\boldsymbol{b}_l$ 中的每个向量都能由向量组(Ⅰ)线性表示，则称向量组(Ⅱ)能由向量组(Ⅰ)线性表示。若向量组(Ⅰ)与向量组(Ⅱ)能相互线性表示，则称这两个向量组线性等价。

2. 定理。

定理 1　向量 $\boldsymbol{b}$ 能由向量组(Ⅰ)：$\boldsymbol{a}_1,\boldsymbol{a}_2,\cdots,\boldsymbol{a}_m$ 线性表示的充要条件是矩阵 $\boldsymbol{A}=(\boldsymbol{a}_1,\boldsymbol{a}_2,\cdots,\boldsymbol{a}_m)$ 的秩等于矩阵 $\boldsymbol{B}=(\boldsymbol{a}_1,\boldsymbol{a}_2,\cdots,\boldsymbol{a}_m,\boldsymbol{b})$ 的秩。

定理 2　向量组(Ⅱ)：$\boldsymbol{b}_1,\boldsymbol{b}_2,\cdots,\boldsymbol{b}_l$ 能由向量组(Ⅰ)：$\boldsymbol{a}_1,\boldsymbol{a}_2,\cdots,\boldsymbol{a}_m$ 线性表示的充要条

件是 $R=(\boldsymbol{a}_1,\boldsymbol{a}_2,\cdots,\boldsymbol{a}_m)=R(\boldsymbol{a}_1,\cdots,\boldsymbol{a}_m,\boldsymbol{b}_1,\cdots,\boldsymbol{b}_l)$

推论 1 向量组(Ⅰ)：$\boldsymbol{a}_1,\boldsymbol{a}_2,\cdots,\boldsymbol{a}_m$ 与向量组(Ⅱ)：$\boldsymbol{b}_1,\boldsymbol{b}_2,\cdots,\boldsymbol{b}_l$ 等价的充要条件是 $R(\boldsymbol{A})=R(\boldsymbol{B})=R(\boldsymbol{A},\boldsymbol{B})$，其中，$\boldsymbol{A}$ 和 $\boldsymbol{B}$ 分别是向量组(Ⅰ)和(Ⅱ)所构成的矩阵。

定理 3 设向量组(Ⅱ)：$\boldsymbol{b}_1,\boldsymbol{b}_2,\cdots,\boldsymbol{b}_l$ 能由向量组(Ⅰ)：$\boldsymbol{a}_1,\boldsymbol{a}_2,\cdots,\boldsymbol{a}_m$ 线性表示，则 $R(\boldsymbol{b}_1,\boldsymbol{b}_2,\cdots,\boldsymbol{b}_l)\leqslant R(\boldsymbol{a}_1,\boldsymbol{a}_2,\cdots,\boldsymbol{a}_m)$。

4.2.2 向量组的线性相关性

1. 线性相关、线性无关的概念。

给定向量组(Ⅰ)：$\boldsymbol{a}_1,\boldsymbol{a}_2,\cdots,\boldsymbol{a}_m$，如果存在不全为零的数 $k_1,k_2,\cdots,k_m$，使 $k_1\boldsymbol{a}_1+k_2\boldsymbol{a}_2+\cdots+k_m\boldsymbol{a}_m=\boldsymbol{0}$，则称向量组(Ⅰ)线性相关，否则称它线性无关。

2. 性质。

(1)含有零向量的向量组必线性相关，线性无关的向量组必不含零向量。

(2)两个向量线性相关的充要条件是对应分量成比例。

(3)多于 n 个向量的 n 维向量组必线性相关。

(4)如果向量组中一部分向量线性相关，那么整个向量组线性相关；如果整个向量组线性无关，那么由它的部分向量构成的向量组也线性无关。

3. 定理。

定理 1 向量组(Ⅰ)：$\boldsymbol{a}_1,\boldsymbol{a}_2,\cdots,\boldsymbol{a}_m$ 线性相关的充要条件是它构成的矩阵 $\boldsymbol{A}=[\boldsymbol{a}_1\ \boldsymbol{a}_2\cdots\boldsymbol{a}_m]$ 的秩小于向量个数 m；向量组线性无关的充要条件是 $R(\boldsymbol{A})=m$。

定理 2

(1)若向量组(Ⅰ)：$\boldsymbol{a}_1,\boldsymbol{a}_2,\cdots,\boldsymbol{a}_m$，线性相关，则向量组(Ⅱ)：$\boldsymbol{a}_1,\boldsymbol{a}_2,\cdots,\boldsymbol{a}_m,\boldsymbol{b}$ 也线性相关；反言之，若向量组(Ⅱ)线性无关，则向量组(Ⅰ)也线性无关。

(2)m 个 n 维向量组成的向量组，当维数 n 小于向量个数 m 时一定线性相关。

(3)设向量组(Ⅰ)：$\boldsymbol{a}_1,\boldsymbol{a}_2,\cdots,\boldsymbol{a}_m$ 线性无关，而向量组(Ⅱ)：$\boldsymbol{a}_1,\boldsymbol{a}_2,\cdots,\boldsymbol{a}_m,\boldsymbol{b}$ 线性相关，则向量 $\boldsymbol{b}$ 必能由向量组(Ⅰ)线性表示，且表达式是唯一的。

4.2.3 向量组的秩

1. 定义。

设有向量组(Ⅰ)，如果在(Ⅰ)中能选出 r 个向量 $\boldsymbol{a}_1,\boldsymbol{a}_2,\cdots,\boldsymbol{a}_r$，满足①向量组(Ⅰ$_0$)：$\boldsymbol{a}_1,\boldsymbol{a}_2,\cdots,\boldsymbol{a}_r$ 线性无关，②向量组(Ⅰ)中任意 $r+1$ 个向量(如果(Ⅰ)中有 $r+1$ 个向量)都线性相关，则称向量组(Ⅰ$_0$)是向量组(Ⅰ)的一个最大线性无关向量组，最大无关组所含有的向量个数 r 称为向量组(Ⅰ)的秩，记作 R_{I}。

2. 性质。

等价的向量组有相同的秩。

3. 定理。

定理 1 矩阵的秩等于它的列向量的秩,也等于它的行向量的秩。

推论 设向量组(Ⅰ$_0$):$\boldsymbol{a}_1,\boldsymbol{a}_2,\cdots,\boldsymbol{a}_r$ 是向量组(Ⅰ)的一个部分组,且满足①向量组(Ⅰ$_0$)线性无关,②向量组(Ⅰ)的任一向量都能由向量组(Ⅰ$_0$)线性表示,那么向量组(Ⅰ$_0$)便是向量组(Ⅰ)的一个最大无关组。

4.2.4 线性方程组的解的结构

1. 齐次线性方程组 $\boldsymbol{Ax}=\boldsymbol{0}$。

对齐次线性方程组 $\boldsymbol{Ax}=\boldsymbol{0}$,其中 $\boldsymbol{A}=\begin{bmatrix} a_{11} & a_{12} & \cdots & a_{1n} \\ a_{21} & a_{22} & \cdots & a_{2n} \\ \vdots & \vdots & & \vdots \\ a_{m1} & a_{m2} & \cdots & a_{mn} \end{bmatrix}$,$\boldsymbol{x}=\begin{bmatrix} x_1 \\ x_2 \\ \vdots \\ x_n \end{bmatrix}$,若 $\boldsymbol{x}=\boldsymbol{\xi}_1=\begin{bmatrix} \xi_{11} \\ \xi_{21} \\ \vdots \\ \xi_{n1} \end{bmatrix}$满足方程组,则 $\boldsymbol{\xi}_1$ 称为方程组的解。齐次线性方程组的最大无关组称为该齐次线性方程组的基础解系。

(1)解的性质。

性质 1 若 $\boldsymbol{x}=\boldsymbol{\xi}_1,\boldsymbol{x}=\boldsymbol{\xi}_2$ 为 $\boldsymbol{Ax}=\boldsymbol{0}$ 的解,则 $\boldsymbol{x}=\boldsymbol{\xi}_1+\boldsymbol{\xi}_2$ 也是它的解。

性质 2 若 $\boldsymbol{x}=\boldsymbol{\xi}_1$ 为 $\boldsymbol{Ax}=\boldsymbol{0}$ 的解,k 为实数,则 $\boldsymbol{x}=k\boldsymbol{\xi}_1$ 也是它的解。

(2)解法。设方程组 $\boldsymbol{Ax}=\boldsymbol{0}$ 的系数矩阵 $\boldsymbol{A}$ 的秩为 r,且不妨设 $\boldsymbol{A}$ 的前 r 个列向量线性无关,于是 $\boldsymbol{A}$ 的行最简形矩阵为

$$\boldsymbol{B}=\begin{bmatrix} 1 & \cdots & 0 & b_{11} & \cdots & b_{1,n-r} \\ \vdots & & \vdots & \vdots & & \vdots \\ 0 & \cdots & 1 & b_{r1} & \cdots & b_{r,n-r} \\ 0 & & & \cdots & & 0 \\ \vdots & & & & & \vdots \\ 0 & & & \cdots & & 0 \end{bmatrix},$$

于是有方程组

$$\begin{cases} x_1=-b_{11}x_{r+1}-\cdots-b_{1,n-r}x_n \\ \qquad\cdots\cdots \\ x_r=-b_{r1}x_{r+1}-\cdots-b_{r,n-r}x_n \end{cases}。$$

把 $x_{r+1},\cdots,x_n$ 作为自由未知数,并令它们依次等于 $c_1,\cdots,c_{n-r}$,可得方程组 $\boldsymbol{Ax}=\boldsymbol{0}$ 的通解 $\boldsymbol{x}=c_1\boldsymbol{\xi}_1+c_2\boldsymbol{\xi}_2+\cdots+c_{n-r}\boldsymbol{\xi}_{n-r}$。其中

$$\boldsymbol{\xi}_1=\begin{bmatrix}-b_{11}\\ \vdots\\ -b_{r1}\\ 1\\ 0\\ \vdots\\ 0\end{bmatrix},\boldsymbol{\xi}_2=\begin{bmatrix}-b_{12}\\ \vdots\\ -b_{r2}\\ 0\\ 1\\ \vdots\\ 0\end{bmatrix},\cdots,\boldsymbol{\xi}_{n-r}=\begin{bmatrix}-b_{1,n-r}\\ \vdots\\ -b_{r,n-r}\\ 0\\ 0\\ \vdots\\ 1\end{bmatrix}。$$

(3)定理。设 $m\times n$ 矩阵 $\boldsymbol{A}$ 的秩 $R(\boldsymbol{A})=r$，则 n 元齐次线性方程组 $\boldsymbol{Ax}=\boldsymbol{0}$ 的解集 S 的秩 $R_S=n-r$。

2. 非齐次线性方程组 $\boldsymbol{Ax}=\boldsymbol{b}$。

(1)解的性质。

性质 1　设 $\boldsymbol{x}=\boldsymbol{\eta}_1$ 及 $\boldsymbol{x}=\boldsymbol{\eta}_2$ 都是方程 $\boldsymbol{Ax}=\boldsymbol{b}$ 的解，则 $\boldsymbol{x}=\boldsymbol{\eta}_1-\boldsymbol{\eta}_2$ 为对应齐次线性方程组 $\boldsymbol{Ax}=\boldsymbol{0}$ 的解。

性质 2　设 $\boldsymbol{x}=\boldsymbol{\eta}$ 是方程 $\boldsymbol{Ax}=\boldsymbol{b}$ 的解，$\boldsymbol{x}=\boldsymbol{\xi}$ 是方程 $\boldsymbol{Ax}=\boldsymbol{0}$ 的解，则 $\boldsymbol{x}=\boldsymbol{\xi}+\boldsymbol{\eta}$ 仍是方程组 $\boldsymbol{Ax}=\boldsymbol{b}$ 的解。

(2)解法。非齐次线性方程组可按如下的方法进行求解：

对任意非齐次线性方程组，先求出它的一个特解 $\boldsymbol{\xi}_0$，再用 1. 中方法求得它对应的齐次线性方程组的通解 $\boldsymbol{\xi}$，于是 $\boldsymbol{x}=\boldsymbol{\xi}+\boldsymbol{\xi}_0$ 即为所求非齐次线性方程组的通解。

4.2.5　向量空间

定义 1　设 V 为向量空间，如果 r 个向量 $\boldsymbol{a}_1,\boldsymbol{a}_2,\cdots,\boldsymbol{a}_r\in V$，且满足 $\boldsymbol{a}_1,\boldsymbol{a}_2,\cdots,\boldsymbol{a}_r$ 线性无关，V 中任何一向量都可由 $\boldsymbol{a}_1,\boldsymbol{a}_2,\cdots,\boldsymbol{a}_r$ 线性表示，那么，向量组 $\boldsymbol{a}_1,\boldsymbol{a}_2,\cdots,\boldsymbol{a}_r$ 就称为向量空间 V 的一个基，r 称为向量空间 V 的维数，并称 V 为 r 维向量空间。

定义 2　如果在向量空间 V 中取定一个基 $\boldsymbol{a}_1,\boldsymbol{a}_2,\cdots,\boldsymbol{a}_r$，那么 V 中任一向量 $\boldsymbol{x}$ 都可唯一表示为 $\boldsymbol{x}=\lambda_1\boldsymbol{a}_1+\lambda_2\boldsymbol{a}_2+\cdots+\lambda_r\boldsymbol{a}_r$。

数组 $\lambda_1,\lambda_2,\cdots,\lambda_r$ 称为向量 $\boldsymbol{x}$ 在基 $\boldsymbol{a}_1,\boldsymbol{a}_2,\cdots,\boldsymbol{a}_r$ 中的坐标。

4.2.6　基变换公式与坐标变换公式

设向量组 $\boldsymbol{a}_1,\boldsymbol{a}_2,\cdots,\boldsymbol{a}_n$ 与 $\boldsymbol{b}_1,\boldsymbol{b}_2,\cdots,\boldsymbol{b}_n$ 是 V 的两组基，且有

$$(\boldsymbol{b}_1,\boldsymbol{b}_2,\cdots,\boldsymbol{b}_n)=(\boldsymbol{a}_1,\boldsymbol{a}_2,\cdots,\boldsymbol{a}_n)\boldsymbol{A},$$

则称上式为由基 $\boldsymbol{a}_1,\boldsymbol{a}_2,\cdots,\boldsymbol{a}_n$ 到基 $\boldsymbol{b}_1,\boldsymbol{b}_2,\cdots,\boldsymbol{b}_n$ 的基变换，称 $\boldsymbol{A}$ 为由基 $\boldsymbol{a}_1,\boldsymbol{a}_2,\cdots,\boldsymbol{a}_n$ 到基 $\boldsymbol{b}_1,\boldsymbol{b}_2,\cdots,\boldsymbol{b}_n$ 的过渡矩阵。

对向量 $\boldsymbol{x}\in V$，它在基 $\boldsymbol{a}_1,\boldsymbol{a}_2,\cdots,\boldsymbol{a}_n$ 与 $\boldsymbol{b}_1,\boldsymbol{b}_2,\cdots,\boldsymbol{b}_n$ 下的坐标分别为 $(x_1,x_2,\cdots,x_n)$ 及 $(y_1,y_2,\cdots,y_n)$，即

$$\boldsymbol{x}=[\boldsymbol{a}_1\ \boldsymbol{a}_2\cdots\ \boldsymbol{a}_n]\begin{bmatrix}x_1\\x_2\\\vdots\\x_n\end{bmatrix},\boldsymbol{x}=[\boldsymbol{b}_1\ \boldsymbol{b}_2\cdots\ \boldsymbol{b}_n]\begin{bmatrix}y_1\\y_2\\\vdots\\y_n\end{bmatrix},\text{则有}\begin{bmatrix}y_1\\y_2\\\vdots\\y_n\end{bmatrix}=\boldsymbol{A}^{-1}\begin{bmatrix}x_1\\x_2\\\vdots\\x_n\end{bmatrix},$$

这就是由基 $\boldsymbol{a}_1,\boldsymbol{a}_2,\cdots,\boldsymbol{a}_n$ 到基 $\boldsymbol{b}_1,\boldsymbol{b}_2,\cdots,\boldsymbol{b}_n$ 的坐标变换公式。

实际应用中，想要直接求得 $\boldsymbol{A}$ 有时并不容易，这时我们引进一组基 $\boldsymbol{c}_1,\boldsymbol{c}_2,\cdots,\boldsymbol{c}_n$，且该基与 $\boldsymbol{a}_1,\boldsymbol{a}_2,\cdots,\boldsymbol{a}_n$ 及 $\boldsymbol{b}_1,\boldsymbol{b}_2,\cdots,\boldsymbol{b}_n$ 之间的过渡矩阵都容易求得，记为 $\boldsymbol{B}$ 和 $\boldsymbol{C}$，即

$$(\boldsymbol{c}_1,\boldsymbol{c}_2,\cdots,\boldsymbol{c}_n)=(\boldsymbol{a}_1,\boldsymbol{a}_2,\cdots,\boldsymbol{a}_n)\boldsymbol{B}^{-1},(\boldsymbol{b}_1,\boldsymbol{b}_2,\cdots,\boldsymbol{b}_n)=(\boldsymbol{c}_1,\boldsymbol{c}_2,\cdots,\boldsymbol{c}_n)\boldsymbol{C},$$

于是

$$(\boldsymbol{b}_1,\boldsymbol{b}_2,\cdots,\boldsymbol{b}_n)=(\boldsymbol{a}_1,\boldsymbol{a}_2,\cdots,\boldsymbol{a}_n)\boldsymbol{B}^{-1}\boldsymbol{C},$$

即基 $\boldsymbol{a}_1,\boldsymbol{a}_2,\cdots,\boldsymbol{a}_n$ 与 $\boldsymbol{b}_1,\boldsymbol{b}_2,\cdots,\boldsymbol{b}_n$ 之间的过渡矩阵为 $\boldsymbol{B}^{-1}\boldsymbol{C}$。

4.3 典型例题分析

例 4.1 若 $\boldsymbol{\alpha}_1$、$\boldsymbol{\alpha}_2$、$\boldsymbol{\alpha}_3$、$\boldsymbol{\beta}_1$、$\boldsymbol{\beta}_2$ 都是 4 维列向量，且 4 阶行列式 $|\boldsymbol{\alpha}_1\ \boldsymbol{\alpha}_2\ \boldsymbol{\alpha}_3\ \boldsymbol{\beta}_1|=m$，$|\boldsymbol{\alpha}_1\ \boldsymbol{\alpha}_2\ \boldsymbol{\beta}_2\ \boldsymbol{\alpha}_3|=n$，试求四阶行列式 $|\boldsymbol{\alpha}_3\ \boldsymbol{\alpha}_2\ \boldsymbol{\alpha}_1(\boldsymbol{\beta}_1+\boldsymbol{\beta}_2)|$。

解 $|\boldsymbol{\alpha}_3\ \boldsymbol{\alpha}_2\ \boldsymbol{\alpha}_1\ \boldsymbol{\beta}_1|=-|\boldsymbol{a}_1\ \boldsymbol{\alpha}_2\ \boldsymbol{\alpha}_3\ \boldsymbol{\beta}_1|=-m$，$|\boldsymbol{\alpha}_3\ \boldsymbol{\alpha}_2\ \boldsymbol{\alpha}_1\boldsymbol{\beta}_2|=|\boldsymbol{\alpha}_1\ \boldsymbol{\alpha}_2\ \boldsymbol{\beta}_2\ \boldsymbol{\alpha}_3|=n$，故 $|\boldsymbol{\alpha}_3\ \boldsymbol{\alpha}_2\ \boldsymbol{\alpha}_1(\boldsymbol{\beta}_1+\boldsymbol{\beta}_2)|=|\boldsymbol{\alpha}_3\ \boldsymbol{\alpha}_2\ \boldsymbol{\alpha}_1\ \boldsymbol{\beta}_1|+|\boldsymbol{\alpha}_3\ \boldsymbol{\alpha}_2\ \boldsymbol{\alpha}_1\ \boldsymbol{\beta}_2|=-m+n$。

例 4.2 设 $\boldsymbol{\alpha}=(1,0,-1)^{\mathrm{T}}$，矩阵 $\boldsymbol{A}=\boldsymbol{\alpha}\boldsymbol{\alpha}^{\mathrm{T}}$，$n$ 为正整数，计算 $|a\boldsymbol{E}-\boldsymbol{A}^n|$。

解
$$\boldsymbol{\alpha}^{\mathrm{T}}\boldsymbol{\alpha}=2,$$

$$\boldsymbol{A}^n=(\boldsymbol{\alpha}\cdot\boldsymbol{\alpha}^{\mathrm{T}})^n=\boldsymbol{\alpha}\cdot\underbrace{(\boldsymbol{\alpha}^{\mathrm{T}}\boldsymbol{\alpha})\cdots(\boldsymbol{\alpha}^{\mathrm{T}}\boldsymbol{\alpha})}_{n-1\text{个}}\boldsymbol{\alpha}^{\mathrm{T}}=\boldsymbol{\alpha}\cdot 2^{n-1}\cdot\boldsymbol{\alpha}^{\mathrm{T}}=2^{n-1}\boldsymbol{\alpha}\cdot\boldsymbol{\alpha}^{\mathrm{T}}=\begin{bmatrix}2^{n-1}&0&-2^{n-1}\\0&0&0\\-2^{n-1}&0&2^{n-1}\end{bmatrix},$$

所以

$$|a\boldsymbol{E}-\boldsymbol{A}^n|=\begin{vmatrix}a-2^{n-1}&0&2^{n-1}\\0&a&0\\2^{n-1}&0&a-2^{n-1}\end{vmatrix}\xlongequal{r_1-r_3}\begin{vmatrix}a&0&a\\0&a&0\\2^{n-1}&0&a-2^{n-1}\end{vmatrix}\xlongequal{c_3+c_1}\begin{vmatrix}a&0&0\\0&a&0\\2^{n-1}&0&a-2^n\end{vmatrix}$$
$$=a^2(a-2^n)。$$

例 4.3 已知向量 $\boldsymbol{\alpha}_1=(1,1,1)^{\mathrm{T}}$、$\boldsymbol{\alpha}_2=(1,2,4)^{\mathrm{T}}$、$\boldsymbol{\alpha}_3=(1,3,9)^{\mathrm{T}}$ 及 $\boldsymbol{\beta}=(1,1,3)^{\mathrm{T}}$，试用 $\boldsymbol{\alpha}_1$、$\boldsymbol{\alpha}_2$、$\boldsymbol{\alpha}_3$ 线性表示 $\boldsymbol{\beta}$。

解 设 $\boldsymbol{\beta}=x_1\boldsymbol{\alpha}_1+x_2\boldsymbol{\alpha}_2+x_3\boldsymbol{\alpha}_3$，即 $x_1\begin{bmatrix}1\\1\\1\end{bmatrix}+x_2\begin{bmatrix}1\\2\\4\end{bmatrix}+x_3\begin{bmatrix}1\\3\\9\end{bmatrix}=\begin{bmatrix}1\\1\\3\end{bmatrix}$。

求解上述方程组，方程组的增广矩阵为

$$B=\begin{bmatrix}1&1&1&1\\1&2&3&1\\1&4&9&3\end{bmatrix}\xrightarrow{r_2-r_1;r_3-r_1}\begin{bmatrix}1&1&1&1\\0&1&2&0\\0&3&8&2\end{bmatrix}\xrightarrow{r_3-3r_2}\begin{bmatrix}1&1&1&1\\0&1&2&0\\0&0&2&2\end{bmatrix}$$

$$\xrightarrow{r_1-r_2;r_2-r_3;\frac{r_3}{2}}\begin{bmatrix}1&0&-1&1\\0&1&0&-2\\0&0&1&1\end{bmatrix}\xrightarrow{r_3-3r_2}\begin{bmatrix}1&0&0&2\\0&1&0&-2\\0&0&1&1\end{bmatrix},$$

解方程组得 $x_1=2,x_2=-2,x_3=1$，所以线性表示式为

$$\boldsymbol{\beta}=2\boldsymbol{\alpha}_1-2\boldsymbol{\alpha}_2+\boldsymbol{\alpha}_3。$$

例 4.4 设向量 $\boldsymbol{\alpha}_1=\begin{bmatrix}1\\1\\\lambda\end{bmatrix},\boldsymbol{\alpha}_2=\begin{bmatrix}1\\\lambda\\1\end{bmatrix},\boldsymbol{\alpha}_3=\begin{bmatrix}\lambda\\1\\1\end{bmatrix},\boldsymbol{\beta}=\begin{bmatrix}\lambda^2\\\lambda\\1\end{bmatrix}$。

(1)λ 取何值时 $\boldsymbol{\beta}$ 不能由 $\boldsymbol{\alpha}_1$、$\boldsymbol{\alpha}_2$、$\boldsymbol{\alpha}_3$ 线性表示？

(2)λ 取何值时 $\boldsymbol{\beta}$ 可由 $\boldsymbol{\alpha}_1$、$\boldsymbol{\alpha}_2$、$\boldsymbol{\alpha}_3$ 线性表示，且表示式唯一？求出这个表示式。

解 设有数 x_1、x_2、x_3 使 $\boldsymbol{\beta}=x_1\boldsymbol{\alpha}_1+x_2\boldsymbol{\alpha}_2+x_3\boldsymbol{\alpha}_3$。

记其系数矩阵 $\boldsymbol{A}=[\boldsymbol{\alpha}_1\ \boldsymbol{\alpha}_2\ \boldsymbol{\alpha}_3]$，增广矩阵 $\boldsymbol{B}=[\boldsymbol{\alpha}_1\ \boldsymbol{\alpha}_2\ \boldsymbol{\alpha}_3\ \boldsymbol{\beta}]$，对 $\boldsymbol{B}$ 作初等变换

$$\boldsymbol{B}=\begin{bmatrix}1&1&\lambda&\lambda^2\\1&\lambda&1&\lambda\\\lambda&1&1&1\end{bmatrix}\sim\begin{bmatrix}1&1&\lambda&\lambda^2\\0&\lambda-1&1-\lambda&\lambda-\lambda^2\\0&1-\lambda&1-\lambda^2&1-\lambda^3\end{bmatrix}\sim\begin{bmatrix}1&1&\lambda&\lambda^2\\0&\lambda-1&1-\lambda&\lambda-\lambda^2\\0&0&2-\lambda-\lambda^2&1+\lambda-\lambda^2-\lambda^3\end{bmatrix}。$$

(1)$\boldsymbol{\beta}$ 不能由 $\boldsymbol{\alpha}_1$、$\boldsymbol{\alpha}_2$、$\boldsymbol{\alpha}_3$ 线性表示 $\Leftrightarrow \boldsymbol{Ax}=\boldsymbol{\beta}$ 无解 $\Leftrightarrow R(\boldsymbol{A})<R(\boldsymbol{B})$

$$\Leftrightarrow\begin{cases}2-\lambda-\lambda^2=0\\1+\lambda-\lambda^2-\lambda^3\neq0\end{cases}\Leftrightarrow\lambda=-2,$$

所以，当 $\lambda=-2$ 时，$\boldsymbol{\beta}$ 不能由 $\boldsymbol{\alpha}_1$、$\boldsymbol{\alpha}_2$、$\boldsymbol{\alpha}_3$ 线性表示。

(2)$\boldsymbol{\beta}$ 可由 $\boldsymbol{\alpha}_1$、$\boldsymbol{\alpha}_2$、$\boldsymbol{\alpha}_3$ 唯一线性表示 $\Leftrightarrow \boldsymbol{Ax}=\boldsymbol{\beta}$ 有唯一解 $\Leftrightarrow R(\boldsymbol{A})=R(\boldsymbol{B})=3\Leftrightarrow 2-\lambda-\lambda^2\neq0$ $\Leftrightarrow\lambda\neq-2$ 且 $\lambda\neq1$，所以，当 $\lambda\neq-2$ 且 $\lambda\neq1$ 时，$\boldsymbol{\beta}$ 可由 $\boldsymbol{\alpha}_1$、$\boldsymbol{\alpha}_2$、$\boldsymbol{\alpha}_3$ 唯一线性表示。

求解方程组 $\boldsymbol{Ax}=\boldsymbol{\beta}$，即 $\begin{cases}x_1+x_2+\lambda x_3=\lambda^2\\(\lambda-1)x_2+(1-\lambda)x_3=\lambda(1-\lambda)\\(2-\lambda-\lambda^2)x_3=1+\lambda-\lambda^2-\lambda^3\end{cases}$，解得

$$x_1=-\frac{1+\lambda}{2+\lambda},x_2=\frac{1}{2+\lambda},x_3=\frac{(1+\lambda)^2}{2+\lambda},$$

于是 $\boldsymbol{\beta}$ 可由 $\boldsymbol{\alpha}_1$、$\boldsymbol{\alpha}_2$、$\boldsymbol{\alpha}_3$ 唯一线性表示，其表示式为 $\boldsymbol{\beta}=-\frac{1+\lambda}{2+\lambda}\boldsymbol{\alpha}_1+\frac{1}{2+\lambda}\boldsymbol{\alpha}_2+\frac{(1+\lambda)^2}{2+\lambda}\boldsymbol{\alpha}_3$。

例 4.5 判断向量组 $\boldsymbol{\alpha}_1=(1,-2,0,3)^{\mathrm{T}},\boldsymbol{\alpha}_2=(2,5,-1,0)^{\mathrm{T}},\boldsymbol{\alpha}_3=(3,4,1,2)^{\mathrm{T}}$ 是否线性相关。

解法 1 应用向量组线性相关与线性无关的定义。

设 $k_1\boldsymbol{\alpha}_1+k_2\boldsymbol{\alpha}_2+k_3\boldsymbol{\alpha}_3=\boldsymbol{0}$，则有

$$\begin{cases}k_1+2k_2+3k_3=0\\-2k_1+5k_2+4k_3=0\\-k_2+k_3=0\\3k_1+2k_3=0\end{cases}。$$

对应齐次线性方程组得系数矩阵进行初等行变换，有

$$\boldsymbol{A}=\begin{bmatrix}1&2&3\\-2&5&4\\0&-1&1\\3&0&2\end{bmatrix}\sim\begin{bmatrix}1&2&3\\0&9&10\\0&-1&1\\0&-6&-7\end{bmatrix}\sim\begin{bmatrix}1&2&3\\0&-1&1\\0&9&10\\0&-6&-7\end{bmatrix}$$

$$\sim\begin{bmatrix}1&2&3\\0&-1&19\\0&0&1\\0&0&-13\end{bmatrix}\sim\begin{bmatrix}1&2&0\\0&1&0\\0&0&1\\0&0&0\end{bmatrix},$$

由此可得 $k_1=k_2=k_3=0$，故 $\boldsymbol{\alpha}_1^{\mathrm{T}}$、$\boldsymbol{\alpha}_2^{\mathrm{T}}$、$\boldsymbol{\alpha}_3^{\mathrm{T}}$ 线性无关。

解法 2 应用向量组和矩阵之间的关系来判别。

考虑由向量 $\boldsymbol{\alpha}_1$、$\boldsymbol{\alpha}_2$、$\boldsymbol{\alpha}_3$ 组成的矩阵 $\boldsymbol{B}=\begin{bmatrix}1&2&3\\-2&5&4\\0&-1&1\\3&0&2\end{bmatrix}$，对其进行初等行变换

$$\boldsymbol{B}=\begin{bmatrix}1&2&3\\-2&5&4\\0&-1&1\\3&0&2\end{bmatrix}\sim\begin{bmatrix}1&2&3\\0&9&10\\0&-1&1\\0&6&7\end{bmatrix}\sim\begin{bmatrix}1&2&3\\0&9&10\\0&0&1\\0&0&0\end{bmatrix},$$

由此知 $R(\boldsymbol{B})=3$，从而 $\boldsymbol{\alpha}_1$、$\boldsymbol{\alpha}_2$、$\boldsymbol{\alpha}_3$ 线性无关。

例 4.6 已知 $\boldsymbol{A}$ 是 n 阶矩阵，$\boldsymbol{\alpha}$ 是 n 维列向量，若 $\boldsymbol{A}^2\boldsymbol{\alpha}\neq\boldsymbol{0}$，$\boldsymbol{A}^3\boldsymbol{\alpha}=\boldsymbol{0}$，证明：$\boldsymbol{\alpha}$、$\boldsymbol{A\alpha}$、$\boldsymbol{A}^2\boldsymbol{\alpha}$ 线性无关。

证明 若 $k_1\boldsymbol{\alpha}+k_2\boldsymbol{A\alpha}+k_3\boldsymbol{A}^2\boldsymbol{\alpha}=\boldsymbol{0}$，用 $\boldsymbol{A}^2$ 左乘上式，并把 $\boldsymbol{A}^3\boldsymbol{\alpha}=\boldsymbol{0}$ 代入得 $k_1\boldsymbol{A}^2\boldsymbol{\alpha}\neq\boldsymbol{0}$，从而 $\boldsymbol{A}^2\boldsymbol{\alpha}\neq\boldsymbol{0}$。

从而有 $k_1=0$，于是 $k_2\boldsymbol{A\alpha}+k_3\boldsymbol{A}^2\boldsymbol{\alpha}=\boldsymbol{0}$，再用 $\boldsymbol{A}$ 左乘，类似可知 $k_2=0$，于是 $k_3\boldsymbol{A}^2\boldsymbol{\alpha}=\boldsymbol{0}$，即知 $k_3=0$，因此 $\boldsymbol{\alpha}$、$\boldsymbol{A\alpha}$、$\boldsymbol{A}^2\boldsymbol{\alpha}$ 线性无关。

例 4.7 设 $\boldsymbol{\alpha}_1=(1,1,1)^{\mathrm{T}}$，$\boldsymbol{\alpha}_2=(1,2,3)^{\mathrm{T}}$，$\boldsymbol{\alpha}_3=(1,3,t)^{\mathrm{T}}$。

(1)问当 t 为何值时，向量组 $\boldsymbol{\alpha}_1$、$\boldsymbol{\alpha}_2$、$\boldsymbol{\alpha}_3$ 线性无关；

(2)问当 t 为何值时，向量组 $\boldsymbol{\alpha}_1$、$\boldsymbol{\alpha}_2$、$\boldsymbol{\alpha}_3$ 线性相关；

(3)当 $\boldsymbol{\alpha}_1$、$\boldsymbol{\alpha}_2$、$\boldsymbol{\alpha}_3$ 线性相关时，将 $\boldsymbol{\alpha}_3$ 表示为 $\boldsymbol{\alpha}_1$、$\boldsymbol{\alpha}_2$ 的线性组合。

解　设 $k_1\boldsymbol{\alpha}_1+k_2\boldsymbol{\alpha}_2+k_3\boldsymbol{\alpha}_3=\mathbf{0}$，由分量方程组写法，即得

$$\begin{cases}k_1+k_2+k_3=0\\k_1+2k_2+3k_3=0,\\k_1+3k_2+tk_3=0\end{cases}$$

系数行列式 $D=\begin{vmatrix}1&1&1\\1&2&3\\1&3&t\end{vmatrix}=t-5$。

(1)当 $t\neq5$ 时，方程组只有零解 $k_1=k_2=k_3=0$，故 $\boldsymbol{\alpha}_1$、$\boldsymbol{\alpha}_2$、$\boldsymbol{\alpha}_3$ 线性无关。

(2)当 $t=5$ 时，方程组有非零解，即 k_1、k_2、k_3 可取不全为零的值，使 $k_1\boldsymbol{\alpha}_1+k_2\boldsymbol{\alpha}_2+k_3\boldsymbol{\alpha}_3=\mathbf{0}$，故 $\boldsymbol{\alpha}_1$、$\boldsymbol{\alpha}_2$、$\boldsymbol{\alpha}_3$ 线性相关。

(3)当 $t=5$ 时，设 $\boldsymbol{\alpha}_3=x_1\boldsymbol{\alpha}_1+x_2\boldsymbol{\alpha}_2$，解得 $x_1=-1$，$x_2=2$，于是 $\boldsymbol{\alpha}_3=2\boldsymbol{\alpha}_2-\boldsymbol{\alpha}_1$。

例 4.8　设有向量组 $\begin{cases}\boldsymbol{\alpha}_1=(1,1,2,2,1)^{\mathrm{T}}\\\boldsymbol{\alpha}_2=(0,2,1,5,-1)^{\mathrm{T}}\\\boldsymbol{\alpha}_3=(2,0,3,-1,3)^{\mathrm{T}}\\\boldsymbol{\alpha}_4=(1,1,0,4,-1)^{\mathrm{T}}\end{cases}$，求向量组 $\boldsymbol{\alpha}_1$、$\boldsymbol{\alpha}_2$、$\boldsymbol{\alpha}_3$、$\boldsymbol{\alpha}_4$ 的秩，并求出它的一个极大线性无关组。

解

$$\boldsymbol{A}=(\boldsymbol{\alpha}_1,\boldsymbol{\alpha}_2,\boldsymbol{\alpha}_3,\boldsymbol{\alpha}_4)=\begin{bmatrix}1&0&2&1\\1&2&0&1\\2&1&3&0\\2&5&-1&4\\1&-1&3&-1\end{bmatrix}\sim\begin{bmatrix}1&0&2&1\\0&2&-2&0\\0&1&-1&-2\\0&5&-5&2\\0&-1&1&-2\end{bmatrix}$$

$$\sim\begin{bmatrix}1&0&2&1\\0&1&-1&-2\\0&2&-2&0\\0&5&-5&2\\0&-1&1&-2\end{bmatrix}\sim\begin{bmatrix}1&0&2&1\\0&1&-1&-2\\0&0&0&4\\0&0&0&12\\0&0&0&-4\end{bmatrix}\sim\begin{bmatrix}1&0&2&1\\0&1&-1&-2\\0&0&0&1\\0&0&0&12\\1&0&0&0\end{bmatrix}=\boldsymbol{B},$$

由此知秩$\{\boldsymbol{\alpha}_1,\boldsymbol{\alpha}_2,\boldsymbol{\alpha}_3,\boldsymbol{\alpha}_4\}=3$，因为 $\boldsymbol{B}$ 的一个 3 阶子式 $\begin{vmatrix}1&0&1\\0&1&-2\\0&0&1\end{vmatrix}=1\neq0$。

所以与这三列所对应的向量 $\boldsymbol{\alpha}_1$、$\boldsymbol{\alpha}_2$、$\boldsymbol{\alpha}_4$ 是原向量组的一个最大线性无关组，容易看出，$\boldsymbol{\alpha}_1$、$\boldsymbol{\alpha}_3$、$\boldsymbol{\alpha}_4$ 也是它的一个最大线性无关组。

例 4.9 求齐次线性方程组$\begin{cases} x_1+x_2-3x_4-x_5=0 \\ x_1-x_2+2x_3-x_4=0 \\ 4x_1-2x_2+6x_3+3x_4-4x_5=0 \\ 2x_1+4x_2-2x_3+4x_4-7x_5=0 \end{cases}$的基础解系，并用基础解系表示出方程组的全部解。

解 将方程组的系数矩阵 $\boldsymbol{A}$ 化为行最简形矩阵

$$\boldsymbol{A}=\begin{bmatrix} 1 & 1 & 0 & -3 & -1 \\ 1 & -1 & 2 & -1 & 0 \\ 4 & -2 & 6 & 3 & -4 \\ 2 & 4 & -2 & 4 & -7 \end{bmatrix} \sim \begin{bmatrix} 1 & 0 & 1 & 0 & -\frac{7}{6} \\ 0 & 1 & -1 & 0 & -\frac{5}{6} \\ 0 & 0 & 0 & 1 & -\frac{1}{3} \\ 0 & 0 & 0 & 0 & 0 \end{bmatrix},$$

从而知 $R(\boldsymbol{A})=3$，故基础解系中有 $n-R(\boldsymbol{A})=5-3=2$ 个解向量，由系数矩阵的变换结果

知$\begin{cases} x_1=-3-\frac{7}{6}x_5 \\ x_2=x_3+\frac{5}{6} \\ x_4=\frac{1}{3}x_5 \end{cases}$。

令$\begin{bmatrix} x_3 \\ x_5 \end{bmatrix}=\begin{bmatrix} 1 \\ 0 \end{bmatrix}$及$\begin{bmatrix} 0 \\ 1 \end{bmatrix}$，得原方程组的基础解系 $\boldsymbol{\xi}_1=\begin{bmatrix} -1 \\ 1 \\ 1 \\ 0 \\ 0 \end{bmatrix}$，$\boldsymbol{\xi}_2=\begin{bmatrix} \frac{7}{6} \\ \frac{5}{6} \\ 0 \\ \frac{1}{3} \\ 1 \end{bmatrix}$，于是通解为

$$\begin{bmatrix} x_1 \\ x_2 \\ x_3 \\ x_4 \\ x_5 \end{bmatrix}=C_1\begin{bmatrix} -1 \\ 1 \\ 1 \\ 0 \\ 0 \end{bmatrix}+C_2\begin{bmatrix} \frac{7}{6} \\ \frac{5}{6} \\ 0 \\ \frac{1}{3} \\ 1 \end{bmatrix}(C_1、C_2\in\mathbf{R})。$$

例 4.10 求方程组$\begin{cases}x_1+x_2+x_3+x_4+x_5=7\\3x_1+2x_2+x_3+x_4-3x_5=-2\\x_2+2x_3+2x_4+6x_5=23\\5x_1+4x_2-3x_3+3x_4-x_5=12\end{cases}$的通解。

解 对方程组的增广矩阵 $\boldsymbol{B}$ 施行初等行变换，得

$$\boldsymbol{B}=\begin{bmatrix}1&1&1&1&1&7\\3&2&1&1&-3&-2\\0&1&2&2&6&23\\5&4&-3&3&-1&12\end{bmatrix}\sim\begin{bmatrix}1&1&1&1&1&7\\0&1&2&2&6&23\\0&0&1&0&0&0\\0&0&0&0&0&0\end{bmatrix}$$

$$\sim\begin{bmatrix}1&0&0&-1&-5&-16\\0&1&0&2&6&23\\0&0&1&0&0&0\\0&0&0&0&0&0\end{bmatrix}。$$

因为 $R(\boldsymbol{A})=R(\boldsymbol{B})=3$，故方程组有解，且$\begin{cases}x_1=x_4+5x_5-16\\x_2=-2x_4-6x_5+23\\x_3=0\end{cases}$，取 $x_4=x_5=0$，则 $x_1=-16,x_2=23$，即得原方程组的一个特解 $\boldsymbol{\eta}^*=(-16,23,0,0,0)^{\mathrm{T}}$。

在对应的齐次线性方程组$\begin{cases}x_1=x_4+5x_5\\x_2=-2x_4-6x_5\\x_3=0\end{cases}$中，取$\begin{bmatrix}x_4\\x_5\end{bmatrix}=\begin{bmatrix}1\\0\end{bmatrix}$及$\begin{bmatrix}0\\1\end{bmatrix}$，得齐次线性方程组的基础解系 $\boldsymbol{\xi}_1=(1,-2,0,1,0)^{\mathrm{T}},\boldsymbol{\xi}_2=(5,-6,0,0,1)^{\mathrm{T}}$。

于是所求非齐次方程组的通解为

$$\begin{bmatrix}x_1\\x_2\\x_3\\x_4\\x_5\end{bmatrix}=C_1\begin{bmatrix}1\\-2\\0\\1\\0\end{bmatrix}+C_2\begin{bmatrix}5\\-6\\0\\0\\1\end{bmatrix}+\begin{bmatrix}-16\\23\\0\\0\\0\end{bmatrix}(C_1、C_2\in\mathbf{R})。$$

例 4.11 证明向量组 $\boldsymbol{\alpha}_1=(1,1,0,0)^{\mathrm{T}},\boldsymbol{\alpha}_2=(1,0,1,1)^{\mathrm{T}}$ 和向量组 $\boldsymbol{\beta}_1=(2,-1,3,3)^{\mathrm{T}}$，$\boldsymbol{\beta}_2=(0,1,-1,-1)^{\mathrm{T}}$ 是同一个向量空间的基，并求由基 $\boldsymbol{\beta}_1$、$\boldsymbol{\beta}_2$ 到基 $\boldsymbol{\alpha}_1$、$\boldsymbol{\alpha}_2$ 的过渡矩阵。

证明 易知 $R(\boldsymbol{\alpha}_1,\boldsymbol{\alpha}_2)=R(\boldsymbol{\beta}_1,\boldsymbol{\beta}_2)=2$，所以 $\boldsymbol{\alpha}_1$、$\boldsymbol{\alpha}_2$ 与 $\boldsymbol{\beta}_1$、$\boldsymbol{\beta}_2$ 都是线性无关的向量组，且

$$(\boldsymbol{\alpha}_1,\boldsymbol{\alpha}_2,\boldsymbol{\beta}_1,\boldsymbol{\beta}_2)=\begin{bmatrix}1&1&2&0\\1&0&-1&1\\0&1&3&-1\\0&1&3&-1\end{bmatrix}\sim\begin{bmatrix}1&1&4&0\\0&-1&-3&1\\0&1&3&-1\\0&0&0&0\end{bmatrix}\sim\begin{bmatrix}1&1&2&0\\0&-1&-3&1\\0&0&0&0\\0&0&0&0\end{bmatrix}。$$

$R(\boldsymbol{\alpha}_1,\boldsymbol{\alpha}_2,\boldsymbol{\beta}_1,\boldsymbol{\beta}_2)=2$，于是 $R(\boldsymbol{\alpha}_1,\boldsymbol{\alpha}_2)=R(\boldsymbol{\beta}_1,\boldsymbol{\beta}_2)=R(\boldsymbol{\alpha}_1,\boldsymbol{\alpha}_2,\boldsymbol{\beta}_1,\boldsymbol{\beta}_2)=2$，则 $\boldsymbol{\alpha}_1,\boldsymbol{\alpha}_2$ 与 $\boldsymbol{\beta}_1,\boldsymbol{\beta}_2$ 是线性无关的等价的向量组，它们是同一向量空间的基。

设由基 $\boldsymbol{\beta}_1$、$\boldsymbol{\beta}_2$ 到基 $\boldsymbol{\alpha}_1$、$\boldsymbol{\alpha}_2$ 的过渡矩阵为 $\boldsymbol{C}=\begin{bmatrix}c_{11} & c_{12}\\ c_{21} & c_{22}\end{bmatrix}$，那么

$$\begin{bmatrix}1 & 1\\ 1 & 0\\ 0 & 1\\ 0 & 1\end{bmatrix}=\begin{bmatrix}2 & 0\\ -1 & 1\\ 3 & -1\\ 3 & -1\end{bmatrix}\begin{bmatrix}c_{11} & c_{12}\\ c_{21} & c_{22}\end{bmatrix},$$

由此四元方程组解得过渡矩阵为 $\boldsymbol{C}=\frac{1}{2}\begin{bmatrix}1 & 1\\ 3 & 1\end{bmatrix}$。

例 4.12 设 $\boldsymbol{\varepsilon}_1$、$\boldsymbol{\varepsilon}_2$、$\boldsymbol{\varepsilon}_3$ 是 $\mathbf{R}^3$ 空间的一个基，又 $\begin{cases}\boldsymbol{\alpha}_1=\boldsymbol{\varepsilon}_1\\ \boldsymbol{\alpha}_2=3\boldsymbol{\varepsilon}_2+5\boldsymbol{\varepsilon}_3\\ \boldsymbol{\alpha}_3=\boldsymbol{\varepsilon}_2+2\boldsymbol{\varepsilon}_3\end{cases}$，$\begin{cases}\boldsymbol{\beta}_1=4\boldsymbol{\varepsilon}_1+2\boldsymbol{\varepsilon}_2-\boldsymbol{\varepsilon}_3\\ \boldsymbol{\beta}_2=-2\boldsymbol{\varepsilon}_1+3\boldsymbol{\varepsilon}_2\\ \boldsymbol{\beta}_3=\boldsymbol{\varepsilon}_2+4\boldsymbol{\varepsilon}_3\end{cases}$。

(1)证明 $\boldsymbol{\alpha}_1$、$\boldsymbol{\alpha}_2$、$\boldsymbol{\alpha}_3$ 和 $\boldsymbol{\beta}_1$、$\boldsymbol{\beta}_2$、$\boldsymbol{\beta}_3$ 也是 $\mathbf{R}^3$ 中的基；

(2)求由基 $\boldsymbol{\alpha}_1$、$\boldsymbol{\alpha}_2$、$\boldsymbol{\alpha}_3$ 到基 $\boldsymbol{\beta}_1$、$\boldsymbol{\beta}_2$、$\boldsymbol{\beta}_3$ 的过渡矩阵；

(3)求由基 $\boldsymbol{\alpha}_1$、$\boldsymbol{\alpha}_2$、$\boldsymbol{\alpha}_3$ 到基 $\boldsymbol{\beta}_1$、$\boldsymbol{\beta}_2$、$\boldsymbol{\beta}_3$ 的坐标变换公式。

解 (1)只需证明 $\boldsymbol{\alpha}_1$、$\boldsymbol{\alpha}_2$、$\boldsymbol{\alpha}_3$ 和 $\boldsymbol{\beta}_1$、$\boldsymbol{\beta}_2$、$\boldsymbol{\beta}_3$ 线性无关即可。

设 $x_1\boldsymbol{\alpha}_1+x_2\boldsymbol{\alpha}_2+x_3\boldsymbol{\alpha}_3=\mathbf{0}$，即 $x_1\boldsymbol{\varepsilon}_1+x_2(3\boldsymbol{\varepsilon}_2+5\boldsymbol{\varepsilon}_3)+x_3(\boldsymbol{\varepsilon}_2+2\boldsymbol{\varepsilon}_3)=\mathbf{0}$，亦即 $x_1\boldsymbol{\varepsilon}_1+(3x_2+x_3)\boldsymbol{\varepsilon}_2+(5x_2+2x_3)\boldsymbol{\varepsilon}_3=\mathbf{0}$，由线性无关得

$$\begin{cases}x_1=0\\ 3x_2+x_3=0\\ 5x_2+2x_3=0\end{cases}。$$

易知上面方程组的系数行列式不为 0，所以 $x_1=x_2=x_3=0$，故 $\boldsymbol{\alpha}_1$、$\boldsymbol{\alpha}_2$、$\boldsymbol{\alpha}_3$ 线性无关，同理可证 $\boldsymbol{\beta}_1$、$\boldsymbol{\beta}_2$、$\boldsymbol{\beta}_3$ 线性无关。

(2)因为 $(\boldsymbol{\alpha}_1,\boldsymbol{\alpha}_2,\boldsymbol{\alpha}_3)=(\boldsymbol{\varepsilon}_1,\boldsymbol{\varepsilon}_2,\boldsymbol{\varepsilon}_3)\begin{bmatrix}1 & 0 & 0\\ 0 & 3 & 1\\ 0 & 5 & 2\end{bmatrix}=(\boldsymbol{\varepsilon}_1,\boldsymbol{\varepsilon}_2,\boldsymbol{\varepsilon}_3)\boldsymbol{A}$，

$$(\boldsymbol{\beta}_1,\boldsymbol{\beta}_2,\boldsymbol{\beta}_3)=(\boldsymbol{\varepsilon}_1,\boldsymbol{\varepsilon}_2,\boldsymbol{\varepsilon}_3)\begin{bmatrix}4 & -2 & 0\\ 2 & 3 & 1\\ -1 & 0 & 4\end{bmatrix}=(\boldsymbol{\varepsilon}_1,\boldsymbol{\varepsilon}_2,\boldsymbol{\varepsilon}_3)\boldsymbol{B},$$

由(2)中的第 1 式得 $(\boldsymbol{\varepsilon}_1,\boldsymbol{\varepsilon}_2,\boldsymbol{\varepsilon}_3)=(\boldsymbol{\alpha}_1,\boldsymbol{\alpha}_2,\boldsymbol{\alpha}_3)\boldsymbol{A}^{-1}$，从而有 $(\boldsymbol{\beta}_1,\boldsymbol{\beta}_2,\boldsymbol{\beta}_3)=(\boldsymbol{\alpha}_1,\boldsymbol{\alpha}_2,\boldsymbol{\alpha}_3)\boldsymbol{A}^{-1}\boldsymbol{B}$。

于是由基 $\boldsymbol{\alpha}_1$、$\boldsymbol{\alpha}_2$、$\boldsymbol{\alpha}_3$ 到基 $\boldsymbol{\beta}_1$、$\boldsymbol{\beta}_2$、$\boldsymbol{\beta}_3$ 的过渡矩阵为

$$\boldsymbol{P}=\boldsymbol{A}^{-1}\boldsymbol{B}=\begin{bmatrix}1 & 0 & 0\\ 0 & 3 & 1\\ 0 & 5 & 2\end{bmatrix}^{-1}\begin{bmatrix}4 & -2 & 0\\ 2 & 3 & 1\\ -1 & 0 & 4\end{bmatrix}$$

$$=\begin{bmatrix}1&0&0\\0&2&-1\\0&-5&3\end{bmatrix}\begin{bmatrix}4&-2&0\\2&3&1\\-1&0&4\end{bmatrix}=\begin{bmatrix}4&-2&0\\5&6&-2\\-13&-15&7\end{bmatrix}。$$

(3)设 $\boldsymbol{\xi}$ 是 $\mathbf{R}^3$ 中的任一向量,它在基 $\boldsymbol{\alpha}_1$、$\boldsymbol{\alpha}_2$、$\boldsymbol{\alpha}_3$ 和基 $\boldsymbol{\beta}_1$、$\boldsymbol{\beta}_2$、$\boldsymbol{\beta}_3$ 下的坐标分别为 (x_1,x_2,x_3) 和 (y_1,y_2,y_3),则其坐标变换公式为

$$\begin{bmatrix}x_1\\x_2\\x_3\end{bmatrix}=\boldsymbol{P}\begin{bmatrix}y_1\\y_2\\y_3\end{bmatrix}=\begin{bmatrix}4&-2&0\\5&6&-2\\-13&-15&7\end{bmatrix}\begin{bmatrix}y_1\\y_2\\y_3\end{bmatrix}。$$

4.4 独立作业

4.4.1 基础练习

一、选择题

1. 设有 n 维向量组 $\boldsymbol{\alpha}_1,\boldsymbol{\alpha}_2,\cdots,\boldsymbol{\alpha}_m$ 与 $\boldsymbol{\beta}_1,\boldsymbol{\beta}_2,\cdots,\boldsymbol{\beta}_m$,若存在两组不全为零的数 $\lambda_1,\lambda_2,\cdots,\lambda_m$ 和 $k_1,k_2,\cdots,k_m$ 使

$(\lambda_1+k_1)\boldsymbol{\alpha}_1+\cdots+(\lambda_m+k_m)\boldsymbol{\alpha}_n+(\lambda_1-k_1)\boldsymbol{\beta}_1+\cdots+(\lambda_m-k_m)\boldsymbol{\beta}_m=\mathbf{0}$,则(　　)。

(A) $\boldsymbol{\alpha}_1,\boldsymbol{\alpha}_2,\cdots,\boldsymbol{\alpha}_m$ 和 $\boldsymbol{\beta}_1,\boldsymbol{\beta}_2,\cdots,\boldsymbol{\beta}_m$ 都线性相关

(B) $\boldsymbol{\alpha}_1,\boldsymbol{\alpha}_2,\cdots,\boldsymbol{\alpha}_m$ 和 $\boldsymbol{\beta}_1,\boldsymbol{\beta}_2,\cdots,\boldsymbol{\beta}_m$ 都线性无关

(C) $\boldsymbol{\alpha}_1+\boldsymbol{\beta}_1,\cdots,\boldsymbol{\alpha}_m+\boldsymbol{\beta}_m,\boldsymbol{\alpha}_1-\boldsymbol{\beta}_1,\cdots,\boldsymbol{\alpha}_m-\boldsymbol{\beta}_m$ 线性无关

(D) $\boldsymbol{\alpha}_1+\boldsymbol{\beta}_1,\cdots,\boldsymbol{\alpha}_m+\boldsymbol{\beta}_m,\boldsymbol{\alpha}_1-\boldsymbol{\beta}_1,\cdots,\boldsymbol{\alpha}_m-\boldsymbol{\beta}_m$ 线性相关

2. 设 $\boldsymbol{\alpha}_1,\boldsymbol{\alpha}_2,\cdots,\boldsymbol{\alpha}_s$ 与 $\boldsymbol{\beta}_1,\boldsymbol{\beta}_2,\cdots,\boldsymbol{\beta}_t$ 为两个 n 维向量组,且 $R(\boldsymbol{\alpha}_1,\boldsymbol{\alpha}_2,\cdots,\boldsymbol{\alpha}_s)=R(\boldsymbol{\beta}_1,\boldsymbol{\beta}_2,\cdots,\boldsymbol{\beta}_t)=r$,则(　　)。

(A)当 $s=t$ 时,两向量组等价

(B)两向量组等价

(C) $R(\boldsymbol{\alpha}_1,\boldsymbol{\alpha}_2,\cdots,\boldsymbol{\alpha}_s,\boldsymbol{\beta}_1,\boldsymbol{\beta}_2,\cdots,\boldsymbol{\beta}_t)=r$

(D)当向量组 $\boldsymbol{\alpha}_1,\boldsymbol{\alpha}_2,\cdots,\boldsymbol{\alpha}_s$ 被向量组 $\boldsymbol{\beta}_1,\boldsymbol{\beta}_2,\cdots,\boldsymbol{\beta}_t$ 线性表示时,两个向量组等价

3. 设 $\boldsymbol{A}$ 是 4 阶方阵,且 $|\boldsymbol{A}|=0$,则 $\boldsymbol{A}$ 中(　　)。

(A)必有一列元素全为零

(B)必有两列元素成比例

(C)必有一列向量是其余列向量的线性组合

(D)任一列向量是其余列向量的线性组合

4. 设 $\boldsymbol{A}$ 是 $m\times n$ 矩阵,$\boldsymbol{B}$ 是 $n\times m$ 矩阵,则(　　)。

(A)当 $m>n$ 时,必有 $|\boldsymbol{AB}|\neq0$　　(B)当 $m>n$ 时,必有 $|\boldsymbol{AB}|=0$

(C)当 $m<n$ 时,必有 $|\boldsymbol{AB}|\neq0$　　(D)当 $m<n$ 时,必有 $|\boldsymbol{AB}|=0$

5. 设向量组 $\boldsymbol{\alpha}_1$、$\boldsymbol{\alpha}_2$、$\boldsymbol{\alpha}_3$ 线性无关，向量 $\boldsymbol{\beta}_1$ 可由 $\boldsymbol{\alpha}_1$、$\boldsymbol{\alpha}_2$、$\boldsymbol{\alpha}_3$ 线性表示，而向量 $\boldsymbol{\beta}_2$ 不能由 $\boldsymbol{\alpha}_1$、$\boldsymbol{\alpha}_2$、$\boldsymbol{\alpha}_3$ 线性表示，则对于任意常数 k，必有(　　)。

(A)$\boldsymbol{\alpha}_1$、$\boldsymbol{\alpha}_2$、$\boldsymbol{\alpha}_3$、$k\boldsymbol{\beta}_1+\boldsymbol{\beta}_2$ 线性无关　　(B)$\boldsymbol{\alpha}_1$、$\boldsymbol{\alpha}_2$、$\boldsymbol{\alpha}_3$、$k\boldsymbol{\beta}_1+\boldsymbol{\beta}_2$ 线性相关

(C)$\boldsymbol{\alpha}_1$、$\boldsymbol{\alpha}_2$、$\boldsymbol{\alpha}_3$、$\boldsymbol{\beta}_1+k\boldsymbol{\beta}_2$ 线性无关　　(D)$\boldsymbol{\alpha}_1$、$\boldsymbol{\alpha}_2$、$\boldsymbol{\alpha}_3$、$\boldsymbol{\beta}_1+k\boldsymbol{\beta}_2$ 线性相关

6. 设有向量组 $\boldsymbol{\alpha}_1=(1,-1,2,4)$，$\boldsymbol{\alpha}_2=(0,3,1,2)$，$\boldsymbol{\alpha}_3=(3,0,7,14)$，$\boldsymbol{\alpha}_4=(1,-2,2,0)$ 与 $\boldsymbol{\alpha}_5=(2,1,5,10)$，则向量组的极大线性无关组是(　　)。

(A)$\boldsymbol{\alpha}_1$、$\boldsymbol{\alpha}_2$、$\boldsymbol{\alpha}_3$　　(B)$\boldsymbol{\alpha}_1$、$\boldsymbol{\alpha}_2$、$\boldsymbol{\alpha}_4$

(C)$\boldsymbol{\alpha}_1$、$\boldsymbol{\alpha}_2$、$\boldsymbol{\alpha}_5$　　(D)$\boldsymbol{\alpha}_1$、$\boldsymbol{\alpha}_2$、$\boldsymbol{\alpha}_4$、$\boldsymbol{\alpha}_5$

二、填空题

7. 设有向量组 $\boldsymbol{\alpha}_1=(a,0,c)$，$\boldsymbol{\alpha}_2=(b,c,0)$，$\boldsymbol{\alpha}_3=(0,a,b)$线性无关，则 a、b、c 必须满足关系式__________。

8. 向量组 $\boldsymbol{\alpha}_1=(1,2,3,4)^{\mathrm{T}}$，$\boldsymbol{\alpha}_2=(2,3,4,5)^{\mathrm{T}}$，$\boldsymbol{\alpha}_3=(3,4,5,6)^{\mathrm{T}}$，$\boldsymbol{\alpha}_4=(4,5,6,7)^{\mathrm{T}}$ 的秩等于__________。

9. 已知向量组 $\boldsymbol{\alpha}_1=(1,2,-1,1)^{\mathrm{T}}$，$\boldsymbol{\alpha}_2=(2,0,t,0)^{\mathrm{T}}$，$\boldsymbol{\alpha}_3=(0,-4,5,-2)^{\mathrm{T}}$ 的秩为 2，则 $t=$__________。

10. 设矩阵 $\boldsymbol{A}=\begin{bmatrix}1&2&-2\\2&1&2\\3&0&4\end{bmatrix}$，向量 $\boldsymbol{\alpha}=(a,1,1)^{\mathrm{T}}$，已知 $\boldsymbol{A\alpha}$ 与 $\boldsymbol{\alpha}$ 线性无关，则 $a=$__________。

三、综合题

11. 设有向量组 $\boldsymbol{\alpha}_1=(2,4,7)^{\mathrm{T}}$，$\boldsymbol{\alpha}_2=(3,2,5)^{\mathrm{T}}$，$\boldsymbol{\alpha}_3=(5,6,k)^{\mathrm{T}}$，$\boldsymbol{\beta}=(1,3,5)^{\mathrm{T}}$，当 k 为何值时，$\boldsymbol{\beta}$ 能由 $\boldsymbol{\alpha}_1$、$\boldsymbol{\alpha}_2$、$\boldsymbol{\alpha}_3$ 线性表示？

12. 设有向量组 $\boldsymbol{\alpha}_1=(2,1,5,3)^{\mathrm{T}}$，$\boldsymbol{\alpha}_2=(1,-1,2,1)^{\mathrm{T}}$，$\boldsymbol{\alpha}_3=(0,3,1,1)^{\mathrm{T}}$，$\boldsymbol{\alpha}_4=(1,2,3,2)^{\mathrm{T}}$，$\boldsymbol{\alpha}_5=(-1,1,-2,-8)^{\mathrm{T}}$，求向量组的秩和它的一个极大线性无关组。

13. 求方程组$\begin{cases}x_1-2x_2+x_3+x_4-x_5=0\\2x_1+x_2-x_3-x_4+x_5=0\\x_1+7x_2-5x_3-5x_4+5x_5=0\\3x_1-x_2-2x_3+x_4-x_5=0\end{cases}$的基础解系和通解。

14. 求方程组$\begin{cases} x_1-2x_2+3x_3-4x_4=4 \\ x_2-x_3+x_4=-3 \\ x_1-3x_2-3x_4=1 \\ -7x_2+3x_3+x_4=-3 \end{cases}$的通解。

4.4.2 提高练习

1. 已知$\boldsymbol{\alpha}_1=(1,0,2,3)^{\mathrm{T}}$,$\boldsymbol{\alpha}_2=(1,1,3,5)^{\mathrm{T}}$,$\boldsymbol{\alpha}_3=(1,-1,a+2,1)^{\mathrm{T}}$,$\boldsymbol{\alpha}_4=(1,2,4,a+8)^{\mathrm{T}}$,$\boldsymbol{\beta}=(1,1,b+3,5)^{\mathrm{T}}$,那么

(1)a、b为何值时,$\boldsymbol{\beta}$不能表示为$\boldsymbol{\alpha}_1$、$\boldsymbol{\alpha}_2$、$\boldsymbol{\alpha}_3$、$\boldsymbol{\alpha}_4$的线性组合;

(2)a、b为何值时,$\boldsymbol{\beta}$由$\boldsymbol{\alpha}_1$、$\boldsymbol{\alpha}_2$、$\boldsymbol{\alpha}_3$、$\boldsymbol{\alpha}_4$的唯一线性表示,并写出该表达式。

2. 设 $\boldsymbol{\alpha}_1$、$\boldsymbol{\alpha}_2$、$\boldsymbol{\alpha}_3$ 线性无关，证明：$\boldsymbol{\beta}_1=\boldsymbol{\alpha}_1-2\boldsymbol{\alpha}_2+2\boldsymbol{\alpha}_3$，$\boldsymbol{\beta}_2=\boldsymbol{\alpha}_2-\boldsymbol{\alpha}_3$，$\boldsymbol{\beta}_3=2\boldsymbol{\alpha}_1-\boldsymbol{\alpha}_2+3\boldsymbol{\alpha}_3$ 线性无关。

3. 验证向量 $\boldsymbol{\alpha}_1=(1,-1,0)^{\mathrm{T}}$，$\boldsymbol{\alpha}_2=(2,1,3)^{\mathrm{T}}$，$\boldsymbol{\alpha}_3=(3,1,2)^{\mathrm{T}}$ 是 $\mathbf{R}^3$ 的一个基，并分别将向量 $\boldsymbol{\beta}_1=(5,0,7)^{\mathrm{T}}$，$\boldsymbol{\beta}_2=(-9,-8,-13)^{\mathrm{T}}$ 用这个基表示。

4. 已知 $\mathbf{R}^3$ 的两个基

(Ⅰ):$\boldsymbol{\alpha}_1=\begin{bmatrix}1\\0\\2\end{bmatrix}$,$\boldsymbol{\alpha}_2=\begin{bmatrix}-2\\1\\-1\end{bmatrix}$,$\boldsymbol{\alpha}_3=\begin{bmatrix}2\\1\\3\end{bmatrix}$;(Ⅱ):$\boldsymbol{\beta}_1=\begin{bmatrix}5\\3\\11\end{bmatrix}$,$\boldsymbol{\beta}_2=\begin{bmatrix}3\\-1\\3\end{bmatrix}$,$\boldsymbol{\beta}_3=\begin{bmatrix}6\\4\\12\end{bmatrix}$,求基(Ⅰ)到基(Ⅱ)的过渡矩阵 $\boldsymbol{C}$。

5. 设由向量 $\boldsymbol{\alpha}_1=(0,1,2)^{\mathrm{T}}$,$\boldsymbol{\alpha}_2=(1,3,5)^{\mathrm{T}}$,$\boldsymbol{\alpha}_3=(2,1,0)^{\mathrm{T}}$ 生成的向量空间为 V_1,由向量 $\boldsymbol{\beta}_1=(1,2,3)^{\mathrm{T}}$,$\boldsymbol{\beta}_2=(-1,0,1)^{\mathrm{T}}$ 生成的向量空间为 V_2,试证:$V_1=V_2$。

6. 已知 3 阶方阵 $\boldsymbol{A}$ 与 3 维向量 $\boldsymbol{x}$，使得向量组 $\boldsymbol{x}$、$\boldsymbol{Ax}$、$\boldsymbol{A}^2\boldsymbol{x}$ 线性无关，且满足 $\boldsymbol{A}^3\boldsymbol{x}=3\boldsymbol{Ax}-2\boldsymbol{A}^2\boldsymbol{x}$。

(1)记 $\boldsymbol{P}=(\boldsymbol{x},\boldsymbol{Ax},\boldsymbol{A}^2\boldsymbol{x})$，求 3 阶方阵 $\boldsymbol{B}$，使 $\boldsymbol{A}=\boldsymbol{PBP}^{-1}$；

(2)计算行列式 $|\boldsymbol{A}+\boldsymbol{E}|$。

7. 设有 3 维列向量 $\boldsymbol{\alpha}_1=\begin{bmatrix}1+\lambda\\1\\1\end{bmatrix}$，$\boldsymbol{\alpha}_2=\begin{bmatrix}1\\1+\lambda\\1\end{bmatrix}$，$\boldsymbol{\alpha}_3=\begin{bmatrix}1\\1\\1+\lambda\end{bmatrix}$，$\boldsymbol{\beta}=\begin{bmatrix}0\\\lambda\\\lambda^2\end{bmatrix}$，问 λ 取何值时，

(1)$\boldsymbol{\beta}$ 可由 $\boldsymbol{\alpha}_1$、$\boldsymbol{\alpha}_2$、$\boldsymbol{\alpha}_3$ 线性表示，且表达式唯一？

(2)$\boldsymbol{\beta}$ 可由 $\boldsymbol{\alpha}_1$、$\boldsymbol{\alpha}_2$、$\boldsymbol{\alpha}_3$ 线性表示，但表达式不唯一？

(3)$\boldsymbol{\beta}$ 不能由 $\boldsymbol{\alpha}_1$、$\boldsymbol{\alpha}_2$、$\boldsymbol{\alpha}_3$ 线性表示？

8. k 为何值时,线性方程组$\begin{cases} x_1+x_2+kx_3=4 \\ -x_1+kx_2+x_3=k^2 \\ x_1-x_2+2x_3=-4 \end{cases}$,有唯一解、无解、有无穷个解? 在有解时求出其全部解。

4.4.3 考研连线

1. 向量 $\boldsymbol{\alpha}_1,\boldsymbol{\alpha}_2,\cdots,\boldsymbol{\alpha}_s(s\geqslant 2)$线性相关的充要条件是(   )。

(A)$\boldsymbol{\alpha}_1,\boldsymbol{\alpha}_2,\cdots,\boldsymbol{\alpha}_s$ 中至少有一个是零向量

(B)$\boldsymbol{\alpha}_1,\boldsymbol{\alpha}_2,\cdots,\boldsymbol{\alpha}_s$ 中至少有两个向量成比例

(C)$\boldsymbol{\alpha}_1,\boldsymbol{\alpha}_2,\cdots,\boldsymbol{\alpha}_s$ 中至少有一个向量可由其余 $s-1$ 个向量线性表示

(D)$\boldsymbol{\alpha}_1,\boldsymbol{\alpha}_2,\cdots,\boldsymbol{\alpha}_s$ 中任一部分组线性相关

2. 已知 $\boldsymbol{\alpha}_1=(1,-1,1)^{\mathrm{T}}$,$\boldsymbol{\alpha}_2=(1,t,-1)^{\mathrm{T}}$,$\boldsymbol{\alpha}_3=(t,1,2)^{\mathrm{T}}$,$\boldsymbol{\beta}=(4,t^2,-4)^{\mathrm{T}}$,若 $\boldsymbol{\beta}$ 可由 $\boldsymbol{\alpha}_1$、$\boldsymbol{\alpha}_2$、$\boldsymbol{\alpha}_3$ 线性表示,且表示法不唯一,则 $t=$__________。

3. 设 $\boldsymbol{\alpha}_1=\begin{bmatrix}1\\-1\\1\\-1\end{bmatrix}$，$\boldsymbol{\alpha}_2=\begin{bmatrix}3\\1\\1\\3\end{bmatrix}$，$\boldsymbol{\beta}_1=\begin{bmatrix}2\\0\\1\\1\end{bmatrix}$，$\boldsymbol{\beta}_2=\begin{bmatrix}1\\1\\0\\2\end{bmatrix}$，$\boldsymbol{\beta}_3=\begin{bmatrix}3\\-1\\2\\0\end{bmatrix}$，证明：向量组 $\boldsymbol{\alpha}_1$、$\boldsymbol{\alpha}_2$ 与向量组 $\boldsymbol{\beta}_1$、$\boldsymbol{\beta}_2$、$\boldsymbol{\beta}_3$ 等价。

第5章　相似矩阵及二次型

5.1　学习目标

1. 熟悉 n 维向量空间 $\mathbf{R}^n$ 中向量的内积运算及其性质，会求向量的长度与向量间的夹角。

2. 理解规范正交基的概念，会用施密特(Schmidt)正交化方法求一组规范正交基。

3. 理解正交矩阵的定义，掌握其性质。

4. 理解方阵的特征值与特征向量的定义及其性质，会求一个方阵的特征值及其对应的特征向量。

5. 理解相似矩阵的定义及其性质，掌握 n 阶矩阵能对角化的充要条件，特别是实对称矩阵的性质及其对角化的方法和步骤。

6. 理解实二次型的定义及其与实对称矩阵间的关系，理解实二次型的标准形与规范形的定义。

7. 熟练掌握化二次型 $\boldsymbol{x}^{\mathrm{T}}\boldsymbol{A}\boldsymbol{x}$ 为标准形的方法——正交变换法、配方法，会求二次型的规范形。

8. 了解惯性定律，会求矩阵 $\boldsymbol{A}$ 的正、负惯性指数，熟练掌握正定二次型(正定矩阵)的定义和判别方法。

5.2　重要公式与结论

1. 向量组的有关结论：

(1)正交向量组必为线性无关组。

(2)若向量 $\boldsymbol{\beta}$ 与 $\boldsymbol{\alpha}_1,\boldsymbol{\alpha}_2,\cdots,\boldsymbol{\alpha}_s$ 中的每个向量都正交，则 $\boldsymbol{\beta}$ 与 $\boldsymbol{\alpha}_1,\boldsymbol{\alpha}_2,\cdots,\boldsymbol{\alpha}_s$ 的任一线性组合也正交。

2. 施密特正交规范化方法：设向量组 $\boldsymbol{\alpha}_1,\boldsymbol{\alpha}_2,\cdots,\boldsymbol{\alpha}_r$ 线性无关，先正交化得

$$\boldsymbol{\beta}_1=\boldsymbol{\alpha}_1,\boldsymbol{\beta}_2=\boldsymbol{\alpha}_2-\frac{[\boldsymbol{\beta}_1,\boldsymbol{\alpha}_2]}{[\boldsymbol{\beta}_1,\boldsymbol{\beta}_1]}\boldsymbol{\beta}_1,\cdots,\ \boldsymbol{\beta}_r=\boldsymbol{\alpha}_r-\frac{[\boldsymbol{\beta}_1,\boldsymbol{\alpha}_r]}{[\boldsymbol{\beta}_1,\boldsymbol{\beta}_1]}\boldsymbol{\beta}_1-\frac{[\boldsymbol{\beta}_2,\boldsymbol{\alpha}_r]}{[\boldsymbol{\beta}_2,\boldsymbol{\beta}_2]}\boldsymbol{\beta}_2-\cdots-\frac{[\boldsymbol{\beta}_{r-1},\boldsymbol{\alpha}_r]}{[\boldsymbol{\beta}_{r-1},\boldsymbol{\beta}_{r-1}]}\boldsymbol{\beta}_{r-1},$$

再将 $\boldsymbol{\beta}_1,\boldsymbol{\beta}_2,\cdots,\boldsymbol{\beta}_r$ 单位化，即令

$$\boldsymbol{\eta}_1=\frac{\boldsymbol{\beta}_1}{\|\boldsymbol{\beta}_1\|},\boldsymbol{\eta}_2=\frac{\boldsymbol{\beta}_2}{\|\boldsymbol{\beta}_2\|},\cdots,\boldsymbol{\eta}_r=\frac{\boldsymbol{\beta}_r}{\|\boldsymbol{\beta}_r\|},$$

则 $\boldsymbol{\eta}_1,\cdots,\boldsymbol{\eta}_r$ 为所求的正交规范化向量组。

3. $\boldsymbol{A}$ 是正交矩阵$\Leftrightarrow \boldsymbol{A}^{\mathrm{T}}\boldsymbol{A}=\boldsymbol{E}\Leftrightarrow \boldsymbol{A}^{-1}=\boldsymbol{A}^{\mathrm{T}}\Leftrightarrow \boldsymbol{A}$ 的列向量组是 $\mathbf{R}^n$ 的一组正交规范基$\Leftrightarrow \boldsymbol{A}$ 的行向量是 $\mathbf{R}^n$ 的一组正交规范基。

4. 方阵 $\boldsymbol{A}$ 的特征值与特征向量：

(1)设 n 阶矩阵 $\boldsymbol{A}=(a_{ij})$ 的全部特征值为 $\lambda_1,\lambda_2,\cdots,\lambda_n$，则有 $\lambda_1\lambda_2\cdots\lambda_n=|\boldsymbol{A}|$；$\lambda_1+\lambda_2+\cdots+\lambda_n=a_{11}+a_{22}+\cdots+a_{nn}=\mathrm{tr}\boldsymbol{A}$($\boldsymbol{A}$ 的迹)。

(2)n 阶方阵 $\boldsymbol{A}$ 可逆$\Leftrightarrow \boldsymbol{A}$ 的 n 个特征值全不为零。

(3)设 λ 是可逆矩阵 $\boldsymbol{A}$ 的特征值，则 λ^{-1} 是 $\boldsymbol{A}^{-1}$ 的特征值；$k\lambda$ 是 $k\boldsymbol{A}$ 的特征值；$|\boldsymbol{A}|\lambda^{-1}$ 是 $\boldsymbol{A}^*$ 的特征值；λ^m 是 $\boldsymbol{A}^m$ 的特征值。

(4)互异的特征值的特征向量线性无关。

(5)n 阶方阵 $\boldsymbol{A}$ 的任一 t_i 重特征值 λ_i 对应的线性无关的特征向量的个数不超过 t_i。

5. 两个 n 阶方阵 $\boldsymbol{A}$、$\boldsymbol{B}$ 相似，则：

(1)$R(\boldsymbol{A})=R(\boldsymbol{B})$。

(2)$|\boldsymbol{A}|=|\boldsymbol{B}|$。

(3)$\boldsymbol{A}^m$ 与 $\boldsymbol{B}^m$ 相似。

(4)$\boldsymbol{A}$ 与 $\boldsymbol{B}$ 相似，且 $\boldsymbol{A}$ 可逆$\Rightarrow \boldsymbol{A}^{-1}$ 与 $\boldsymbol{B}^{-1}$ 相似。

(5)特别地是，如果存在可逆矩阵 $\boldsymbol{P}$ 使得 $\boldsymbol{P}^{-1}\boldsymbol{A}\boldsymbol{P}=\boldsymbol{\Lambda}\Leftrightarrow \boldsymbol{A}^k=\boldsymbol{P}\boldsymbol{\Lambda}^k\boldsymbol{P}^{-1}$，则 $\varphi(\boldsymbol{A})=\boldsymbol{P}\varphi(\boldsymbol{\Lambda})\boldsymbol{P}^{-1}$。

(6)$\boldsymbol{A}$ 与 $\boldsymbol{B}$ 有相同的特征多项式，即有相同的特征值。

6. 相似对角化的条件：

(1)n 阶方阵 $\boldsymbol{A}$ 有 n 个不同的特征值，则 $\boldsymbol{A}$ 可对角化。

(2)n 阶方阵 $\boldsymbol{A}$ 的特征方程有重根，则此时不一定有 n 个线性无关的特征向量，故不一定能对角化，只有当有 n 个线性无关的特征向量时才可以对角化。

7. 相似对角化的方法：若 n 阶方阵 $\boldsymbol{A}$ 的 n 个特征值为 $\lambda_1,\lambda_2,\cdots,\lambda_n$，对应的 n 个线性无关的特征向量分别为 $\boldsymbol{p}_1,\boldsymbol{p}_2,\cdots,\boldsymbol{p}_n$，设 $\boldsymbol{P}=(\boldsymbol{p}_1\quad \boldsymbol{p}_2\quad \cdots\quad \boldsymbol{p}_n)$，则 $\boldsymbol{P}$ 可逆，且

$$\boldsymbol{P}^{-1}\boldsymbol{A}\boldsymbol{P}=\begin{pmatrix}\lambda_1 & & & \\ & \lambda_2 & & \\ & & \ddots & \\ & & & \lambda_n\end{pmatrix}。$$

8. n 阶方阵 $\boldsymbol{A}$ 与对角矩阵 $\boldsymbol{\Lambda}$ 相似，则 $\boldsymbol{A}$ 有 n 个线性无关的特征变量。

9. 实对称矩阵的性质：

(1)实对称矩阵的特征值均为实数。

(2)实对称矩阵的互异特征值对应的特征向量正交。

(3)n 阶实对称矩阵 $\boldsymbol{A}$ 的任一 t_i 重特征值 λ_i 对应的线性无关的特征向量的个数恰好有 t_i 个。

(4)n 阶实对称矩阵 $\boldsymbol{A}$ 必有正交矩阵 $\boldsymbol{P}$，使得 $\boldsymbol{P}^{-1}\boldsymbol{AP}=\boldsymbol{\Lambda}$。

10. 利用正交矩阵将对称矩阵对角化的具体步骤：

(1)求 $\boldsymbol{A}$ 的全部特征值。

(2)由 $(\lambda_i\boldsymbol{E}-\boldsymbol{A})\boldsymbol{x}=\boldsymbol{0}$ 求出对应于 λ_i 的线性无关的特征向量。

(3)将重根的特征向量正交化。

(4)将特征向量单位化。

11. 二次型：

(1)一个二次型 f 和一个实对称矩阵 $\boldsymbol{A}$ 一一对应。

(2)若存在可逆矩阵 $\boldsymbol{P}$，使得 $\boldsymbol{P}^{\mathrm{T}}\boldsymbol{AP}=\boldsymbol{B}$，则 $\boldsymbol{A}$ 与 $\boldsymbol{B}$ 合同，合同具有身性、对称性、传递性。

(3)若 $\boldsymbol{A}$ 与 $\boldsymbol{B}$ 合同，则 $\begin{cases} R(\boldsymbol{A})=R(\boldsymbol{B}) \\ \text{若 } \boldsymbol{A} \text{ 是对称矩阵，则 } \boldsymbol{B} \text{ 也是对称矩阵} \end{cases}$。

(4) 对任意的二次型 $f=\sum\limits_{i,j=1}^{n}a_{ij}x_ix_j$，$(a_{ij}=a_{ji})$ 总有正交变换 $\boldsymbol{X}=\boldsymbol{PY}$，使 f 化为标准形 $f=\lambda_1y_1^2+\lambda_2y_2^2+\cdots+\lambda_ny_n^2$，其中 $\lambda_1,\lambda_2,\cdots,\lambda_n$ 是 f 对应的矩阵 $\boldsymbol{A}=(a_{ij})$ 的特征值。

(5)用正交变换化二次型为标准形的具体步骤：

①将二次型表示成矩阵形式 $f=\boldsymbol{x}^{\mathrm{T}}\boldsymbol{Ax}$，写出 $\boldsymbol{A}$；

②求出 $\boldsymbol{A}$ 的所有特征值 $\lambda_1,\lambda_2,\cdots,\lambda_n$；

③求出对应特征值的特征向量 $\boldsymbol{\xi}_1,\boldsymbol{\xi}_2,\cdots,\boldsymbol{\xi}_n$；

④将特征向量 $\boldsymbol{\xi}_1,\boldsymbol{\xi}_2,\cdots,\boldsymbol{\xi}_n$ 正交化、单位化，得 $\boldsymbol{\eta}_1,\boldsymbol{\eta}_2,\cdots,\boldsymbol{\eta}_n$，记 $\boldsymbol{C}=(\boldsymbol{\eta}_1,\boldsymbol{\eta}_2,\cdots,\boldsymbol{\eta}_n)$；

⑤作正交变换 $\boldsymbol{x}=\boldsymbol{Cy}$，则得 f 的标准形 $f=\lambda_1y_1^2+\lambda_2y_2^2+\cdots+\lambda_ny_n^2$。

(6)实二次型 $f=\boldsymbol{x}^{\mathrm{T}}\boldsymbol{Ax}$ 为正定的充要条件是它的标准形的 n 个系数全为正。

(7)对称矩阵 $\boldsymbol{A}$ 正定$\Leftrightarrow\boldsymbol{A}$ 的所有特征值全为正。

(8)对称矩阵 $\boldsymbol{A}$ 正定$\Leftrightarrow\boldsymbol{A}$ 各阶顺序主子式全为正。

(9)对称矩阵 $\boldsymbol{A}$ 负定$\Leftrightarrow\boldsymbol{A}$ 的奇数阶主子式为负，偶数阶主子式为正。

(10)$\boldsymbol{A}$ 为正定矩阵，则 $\boldsymbol{A}^{\mathrm{T}}$、$\boldsymbol{A}^{-1}$、$\boldsymbol{A}^*$ 均为正定矩阵。

(11)若 $\boldsymbol{A}$、$\boldsymbol{B}$ 均为 n 阶正定矩阵，则 $\boldsymbol{A}+\boldsymbol{B}$ 也是正定矩阵。

5.3 典型例题分析

5.3.1 相似矩阵

例 5.1 设 $\boldsymbol{a}$ 是 n 阶列向量，$\boldsymbol{E}$ 是 n 阶单位矩阵，证明：$\boldsymbol{A}=\boldsymbol{E}-\dfrac{2}{(\boldsymbol{a}^{\mathrm{T}}\boldsymbol{a})}\boldsymbol{aa}^{\mathrm{T}}$ 是正交矩阵。

证明 先证明 $\boldsymbol{A}^{\mathrm{T}}=\boldsymbol{A}$，然后根据正交矩阵的定义证明 $\boldsymbol{AA}^{\mathrm{T}}=\boldsymbol{E}$。

因为 $\boldsymbol{A}^{\mathrm{T}}=\left[\boldsymbol{E}-\frac{2}{(\boldsymbol{a}^{\mathrm{T}}\boldsymbol{a})}\boldsymbol{a}\boldsymbol{a}^{\mathrm{T}}\right]^{\mathrm{T}}=\boldsymbol{E}-\frac{2}{(\boldsymbol{a}^{\mathrm{T}}\boldsymbol{a})}\boldsymbol{a}\boldsymbol{a}^{\mathrm{T}}=\boldsymbol{A}$，所以

$$\begin{aligned}\boldsymbol{A}^{\mathrm{T}}\boldsymbol{A}=\boldsymbol{A}\boldsymbol{A}&=\left[\boldsymbol{E}-\frac{2}{(\boldsymbol{a}^{\mathrm{T}}\boldsymbol{a})}\boldsymbol{a}\boldsymbol{a}^{\mathrm{T}}\right]\left[\boldsymbol{E}-\frac{2}{(\boldsymbol{a}^{\mathrm{T}}\boldsymbol{a})}\boldsymbol{a}\boldsymbol{a}^{\mathrm{T}}\right]\\&=\boldsymbol{E}-\frac{2}{(\boldsymbol{a}^{\mathrm{T}}\boldsymbol{a})}\boldsymbol{a}\boldsymbol{a}^{\mathrm{T}}-\frac{2}{(\boldsymbol{a}^{\mathrm{T}}\boldsymbol{a})}\boldsymbol{a}\boldsymbol{a}^{\mathrm{T}}+\left[\frac{2}{(\boldsymbol{a}^{\mathrm{T}}\boldsymbol{a})}\boldsymbol{a}\boldsymbol{a}^{\mathrm{T}}\right]\left[\frac{2}{(\boldsymbol{a}^{\mathrm{T}}\boldsymbol{a})}\boldsymbol{a}\boldsymbol{a}^{\mathrm{T}}\right]\\&=\boldsymbol{E}-\frac{4}{(\boldsymbol{a}^{\mathrm{T}}\boldsymbol{a})}\boldsymbol{a}\boldsymbol{a}^{\mathrm{T}}+\frac{4}{(\boldsymbol{a}^{\mathrm{T}}\boldsymbol{a})^2}[\boldsymbol{a}(\boldsymbol{a}^{\mathrm{T}}\boldsymbol{a})\boldsymbol{a}^{\mathrm{T}}]。\end{aligned}$$

因为 $\boldsymbol{a}\neq\boldsymbol{0}\Rightarrow\boldsymbol{a}^{\mathrm{T}}\boldsymbol{a}\neq\boldsymbol{0}$，$\boldsymbol{a}(\boldsymbol{a}^{\mathrm{T}}\boldsymbol{a})\boldsymbol{a}^{\mathrm{T}}=(\boldsymbol{a}^{\mathrm{T}}\boldsymbol{a})\boldsymbol{a}\boldsymbol{a}^{\mathrm{T}}$，所以 $\boldsymbol{A}^{\mathrm{T}}\boldsymbol{A}=\boldsymbol{E}-\frac{4}{(\boldsymbol{a}^{\mathrm{T}}\boldsymbol{a})}\boldsymbol{a}\boldsymbol{a}^{\mathrm{T}}+\frac{4}{(\boldsymbol{a}^{\mathrm{T}}\boldsymbol{a})}\boldsymbol{a}\boldsymbol{a}^{\mathrm{T}}=\boldsymbol{E}$，故 $\boldsymbol{A}$ 是正交矩阵。

例 5.2 已知向量 $\boldsymbol{\alpha}_1=(1,1,0,0)^{\mathrm{T}}$，$\boldsymbol{\alpha}_2=(1,0,1,0)^{\mathrm{T}}$，$\boldsymbol{\alpha}_3=(-1,0,0,1)^{\mathrm{T}}$ 是线性无关向量组，求与之等价的正交单位向量组。

解 先正交化，再单位化。

(1)取 $\boldsymbol{\beta}_1=\boldsymbol{\alpha}_1$。

(2)令 $\boldsymbol{\beta}_2=k\boldsymbol{\beta}_1+\boldsymbol{\alpha}_2$，使得 $\boldsymbol{\beta}_2$ 与 $\boldsymbol{\beta}_1$ 正交。

因为 $[\boldsymbol{\alpha}_1,\boldsymbol{\beta}_2]=k[\boldsymbol{\alpha}_1,\boldsymbol{\beta}_1]+[\boldsymbol{\alpha}_1,\boldsymbol{\alpha}_2]=0$，所以 $k=-\frac{[\boldsymbol{\alpha}_1,\boldsymbol{\alpha}_2]}{[\boldsymbol{\alpha}_1,\boldsymbol{\beta}_1]}=-\frac{1}{2}$，故

$$\boldsymbol{\beta}_2=\begin{pmatrix}\frac{1}{2} & -\frac{1}{2} & 1 & 0\end{pmatrix}^{\mathrm{T}}。$$

(3)令 $\boldsymbol{\beta}_3=k_1\boldsymbol{\beta}_1+k_2\boldsymbol{\beta}_2+\boldsymbol{\alpha}_3$ 且 $\boldsymbol{\beta}_3$ 与 $\boldsymbol{\beta}_2$、$\boldsymbol{\beta}_1$ 正交，得 $k_1=-\frac{[\boldsymbol{\beta}_1,\boldsymbol{\alpha}_3]}{[\boldsymbol{\beta}_1,\boldsymbol{\beta}_1]}=-\frac{1}{2}$，$k_2=-\frac{[\boldsymbol{\beta}_2,\boldsymbol{\alpha}_2]}{[\boldsymbol{\beta}_2,\boldsymbol{\beta}_2]}=\frac{1}{3}$，故

$$\boldsymbol{\beta}_3=\begin{pmatrix}-\frac{1}{3} & \frac{1}{3} & \frac{1}{3} & 1\end{pmatrix}^{\mathrm{T}}。$$

(4)将 $\boldsymbol{\beta}_1$、$\boldsymbol{\beta}_2$、$\boldsymbol{\beta}_3$ 单位化，得

$$\gamma_1=\frac{\boldsymbol{\beta}_1}{\|\boldsymbol{\beta}_1\|}=\begin{bmatrix}\frac{\sqrt{2}}{2} & \frac{\sqrt{2}}{2} & 0 & 0\end{bmatrix}^{\mathrm{T}},$$

$$\gamma_2=\frac{\boldsymbol{\beta}_2}{\|\boldsymbol{\beta}_2\|}=\begin{bmatrix}\frac{\sqrt{6}}{6} & -\frac{\sqrt{6}}{6} & \frac{\sqrt{6}}{3} & 0\end{bmatrix}^{\mathrm{T}},$$

$$\gamma_3=\frac{\boldsymbol{\beta}_3}{\|\boldsymbol{\beta}_3\|}=\begin{bmatrix}-\frac{\sqrt{3}}{6} & \frac{\sqrt{6}}{6} & \frac{\sqrt{3}}{6} & \frac{\sqrt{3}}{2}\end{bmatrix}^{\mathrm{T}}。$$

例 5.3 计算 3 阶矩阵 $\boldsymbol{A}=\begin{bmatrix}3 & 2 & 4\\2 & 0 & 2\\4 & 2 & 3\end{bmatrix}$ 的全部特征值和特征向量。

解 第 1 步，计算 $\boldsymbol{A}$ 的特征多项式。

$$f(\lambda)=|\lambda\boldsymbol{E}-\boldsymbol{A}|=\begin{vmatrix}\lambda-3 & -2 & -4\\ -2 & \lambda & -2\\ -4 & -2 & \lambda-3\end{vmatrix}=(\lambda-8)(\lambda+1)^2。$$

第 2 步，求出特征多项式 $f(\lambda)$ 的全部根，即 $\boldsymbol{A}$ 的全部特征值。

令 $f(\lambda)=0$，解之得 $\lambda_1=8,\lambda_2=\lambda_3=-1$，即为 $\boldsymbol{A}$ 的全部特征值。

第 3 步，求出 $\boldsymbol{A}$ 的全部特征向量。

当 $\lambda_1=8$，求对应线性方程组 $(\lambda_1\boldsymbol{E}-\boldsymbol{A})\boldsymbol{x}=\boldsymbol{0}$ 的一组基础解系，即

$$\begin{cases}5x_1-2x_2-4x_3=0\\ -2x_1+8x_2-2x_3=0\\ -4x_1-2x_2+5x_3=0\end{cases}。$$

化简求得此方程组的一组基础解系 $\boldsymbol{\alpha}_1=(2,1,2)^{\mathrm{T}}$，所以对应于 $\lambda_1=8$ 的全部特征向量为 $k_1\boldsymbol{\alpha}_1$（$k_1\neq0$ 的实数）。

同理对 $\lambda_2=\lambda_1=-1$，求相应线性方程组 $(\lambda_1\boldsymbol{E}-\boldsymbol{A})\boldsymbol{x}=\boldsymbol{0}$ 的一个基础解系，即

$$\begin{cases}-4x_1-2x_2-4x_3=0\\ -2x_1-x_2-2x_3=0\\ -4x_1-2x_2-4x_3=0\end{cases}。$$

求解此方程组得一个基础解系为：$\boldsymbol{\alpha}_2=\begin{bmatrix}1\\0\\-1\end{bmatrix}$，$\boldsymbol{\alpha}_3=\begin{bmatrix}1\\-2\\0\end{bmatrix}$。

于是 $\boldsymbol{A}$ 的属于 $\lambda_2=\lambda_3=-1$ 的全部特征向量为 $k_2\boldsymbol{\alpha}_2+k_3\boldsymbol{\alpha}_3$（$k_2$、$k_3$ 是不同时为零的实数）。

例 5.4 设 n 阶方阵 $\boldsymbol{A}$ 的全部特征值为 $\lambda_1,\lambda_2,\cdots,\lambda_n$，属于 λ_i 的特征向量为 $\boldsymbol{\alpha}_i$，求 $\boldsymbol{P}^{-1}\boldsymbol{AP}$ 的特征值与特征向量。

解 首先，证明 $\boldsymbol{A}$ 与 $\boldsymbol{P}^{-1}\boldsymbol{AP}$ 有相同的特征值，只需要证明它们有相同的特征多项式。

因为 $f_{\boldsymbol{P}^{-1}\boldsymbol{AP}}(\lambda)=|\lambda\boldsymbol{E}-\boldsymbol{P}^{-1}\boldsymbol{AP}|=|\lambda\boldsymbol{P}^{-1}\boldsymbol{P}-\boldsymbol{P}^{-1}\boldsymbol{AP}|=|\boldsymbol{P}^{-1}||\lambda\boldsymbol{E}-\boldsymbol{A}||\boldsymbol{P}|=|\lambda\boldsymbol{E}-\boldsymbol{A}|=f_{\boldsymbol{A}}(\lambda)$，所以 $\lambda_1,\lambda_2,\cdots,\lambda_n$，就是 $\boldsymbol{P}^{-1}\boldsymbol{AP}$ 的全部特征值。

其次，求 $\boldsymbol{P}^{-1}\boldsymbol{AP}$ 的属于 λ_i 的特征向量。

因为 $\boldsymbol{A\alpha}_i=\lambda_i\boldsymbol{\alpha}_i$，即 $(\lambda_i\boldsymbol{E}-\boldsymbol{A})\boldsymbol{\alpha}_i=\boldsymbol{0}$，又因为 $(\lambda_i\boldsymbol{E}-\boldsymbol{P}^{-1}\boldsymbol{AP})\boldsymbol{\alpha}_i=(\lambda_i\boldsymbol{P}^{-1}\boldsymbol{P}-\boldsymbol{P}^{-1}\boldsymbol{AP})\boldsymbol{\alpha}_i=\boldsymbol{P}^{-1}(\lambda_1\boldsymbol{E}-\boldsymbol{A})\boldsymbol{P\alpha}_i=\boldsymbol{0}$，所以 $(\lambda_i\boldsymbol{E}-\boldsymbol{P}^{-1}\boldsymbol{AP})\boldsymbol{P}^{-1}\boldsymbol{\alpha}_i=\boldsymbol{P}^{-1}(\lambda_i\boldsymbol{E}-\boldsymbol{A})\boldsymbol{PP}^{-1}\boldsymbol{\alpha}_i=\boldsymbol{P}^{-1}(\lambda_i\boldsymbol{E}-\boldsymbol{A})\boldsymbol{\alpha}_i=\boldsymbol{0}$，即 $(\boldsymbol{P}^{-1}\boldsymbol{AP})(\boldsymbol{P}^{-1}\boldsymbol{\alpha}_i)=\lambda_i(\boldsymbol{P}^{-1}\boldsymbol{\alpha}_i)$，故 $\boldsymbol{P}^{-1}\boldsymbol{\alpha}_i$ 是 $\boldsymbol{P}^{-1}\boldsymbol{AP}$ 属于 λ_i 的特征向量。

例 5.5 设 $\boldsymbol{A}$ 是 n 阶方阵，其特征多项式为

$$f_{\boldsymbol{A}}(\lambda)=|\lambda\boldsymbol{E}-\boldsymbol{A}|=\lambda^n+a_{n-1}\lambda^{n-1}+\cdots+a_1\lambda+a_0。$$

求：(1) $\boldsymbol{A}^{\mathrm{T}}$ 的特征多项式；(2) 当 $\boldsymbol{A}$ 非奇异时，$\boldsymbol{A}^{-1}$ 的特征多项式。

解 (1) $f_{\boldsymbol{A}^{\mathrm{T}}}(\lambda)=|\lambda\boldsymbol{E}-\boldsymbol{A}^{\mathrm{T}}|=|(\lambda\boldsymbol{E}-\boldsymbol{A})^{\mathrm{T}}|=|\lambda\boldsymbol{E}-\boldsymbol{A}|=f_{\boldsymbol{A}}(\lambda)$，所以 $\boldsymbol{A}$ 与 $\boldsymbol{A}^{\mathrm{T}}$ 有相同的特征多项式。

(2)设 $\lambda_1,\lambda_2,\cdots,\lambda_n$,是 $\boldsymbol{A}$ 的全部特征值,则 $\lambda_1^{-1},\lambda_2^{-1},\cdots,\lambda_n^{-1}$ 是 $\boldsymbol{A}^{-1}$ 的全部特征值,故 $\boldsymbol{A}^{-1}$ 的特征多项式为

$$f_{\boldsymbol{A}^{-1}}(\lambda)=|\lambda\boldsymbol{E}-\boldsymbol{A}^{-1}|=\left(\lambda-\frac{1}{\lambda_1}\right)\left(\lambda-\frac{1}{\lambda_2}\right)\cdots\left(\lambda-\frac{1}{\lambda_n}\right)$$

$$=\lambda^n+\frac{a_1}{a_0}\lambda^{n-1}+\cdots+\frac{a_{n-1}}{a_0}\lambda+\frac{1}{a_0}。$$

例 5.6 设 $\boldsymbol{A}$ 是 3 阶方阵,它的 3 个特征值为 $\lambda_1=1,\lambda_2=-1,\lambda_3=2$,设 $\boldsymbol{B}=\boldsymbol{A}^3-5\boldsymbol{A}^2$,求 $|\boldsymbol{B}|$、$|\boldsymbol{A}-5\boldsymbol{E}|$。

解 利用 $\boldsymbol{A}$ 的行列式与特征值的重要关系 $|\boldsymbol{A}|=\lambda_1\lambda_2\cdots\lambda_n$ 来计算 $|\boldsymbol{A}|$。

令 $f(x)=x^3-5x^2$,则 $\boldsymbol{B}$ 的全部特征值为 $f(\lambda_1)$、$f(\lambda_2)$、$f(\lambda_3)$,故

$$|\boldsymbol{B}|=f(\lambda_1)f(\lambda_2)f(\lambda_3)=(-4)\times(-6)\times(-12)=-288。$$

下面求 $|\boldsymbol{A}-5\boldsymbol{E}|$。

解法 1 令 $g(\boldsymbol{A})=\boldsymbol{A}-5\boldsymbol{E}$,因为 $\boldsymbol{A}$ 的所有特征值为 $\lambda_1=1,\lambda_2=-1,\lambda_3=2$,所以,$g(\boldsymbol{A})$ 的所有特征值为 $g(\lambda_1)$、$g(\lambda_2)$、$g(\lambda_3)$,故 $|\boldsymbol{A}-5\boldsymbol{E}|=|g(\boldsymbol{A})|=g(1)g(-1)g(2)=-72$。

解法 2 因为 $\boldsymbol{A}$ 的所有特征值为 $\lambda_1=1,\lambda_2=-1,\lambda_3=2$,故 $|\boldsymbol{A}|=1\times(-1)\times2=-2$,又 $\boldsymbol{B}=\boldsymbol{A}^3-5\boldsymbol{A}^2=\boldsymbol{A}^2(\boldsymbol{A}-5\boldsymbol{E})$,所以 $|\boldsymbol{B}|=|\boldsymbol{A}|^2|\boldsymbol{A}-5\boldsymbol{E}|$,且 $|\boldsymbol{B}|=-288$,所以

$$|\boldsymbol{A}-5\boldsymbol{E}|=\frac{-288}{4}=-72。$$

例 5.7 设 $\boldsymbol{A}$ 是 n 阶方阵。

(1)若 $\boldsymbol{A}^2=\boldsymbol{E}$,则 $8\boldsymbol{E}-\boldsymbol{A}$ 是否可逆?

(2)设 λ 是 $\boldsymbol{A}$ 的特征值,且 $\lambda\neq\pm1$,则 $\boldsymbol{A}\pm\boldsymbol{E}$ 是否可逆?

解 (1)因为 $\boldsymbol{A}^2=\boldsymbol{E}$,所以 $\boldsymbol{A}$ 的特征值是 $\lambda_1=1,\lambda_2=-1$,故 $k=8$ 不是 $\boldsymbol{A}$ 的特征值,从而 $8\boldsymbol{E}-\boldsymbol{A}$ 可逆。

(2)因为 $\lambda\neq\pm1$,所以 ±1 不是 $\boldsymbol{A}$ 的特征值,于是 $|1\cdot\boldsymbol{E}-\boldsymbol{A}|\neq0$,$|(-1)\cdot\boldsymbol{E}-\boldsymbol{A}|\neq0$。

又 $$|(-1)\cdot\boldsymbol{E}-\boldsymbol{A}|=|-(\boldsymbol{E}+\boldsymbol{A})|=(-1)^n|\boldsymbol{E}+\boldsymbol{A}|,$$

所以 $|\boldsymbol{A}+\boldsymbol{E}|\neq0$,$|\boldsymbol{E}-\boldsymbol{A}|=|(-1)(\boldsymbol{A}-\boldsymbol{E})|=(-1)^n|\boldsymbol{A}-\boldsymbol{E}|$,即 $|\boldsymbol{A}-\boldsymbol{E}|\neq0$。

故 $\boldsymbol{A}\pm\boldsymbol{E}$ 可逆。

例 5.8 设 $\boldsymbol{A}$ 是 n 阶下三角矩阵。

(1)在什么条件下 $\boldsymbol{A}$ 可对角化?

(2)如果 $a_{11}=a_{22}=\cdots=a_{nn}$,且至少有一 $a_{i_0j_0}\neq0$,$(i_0>j_0)$,证明 $\boldsymbol{A}$ 不可对角化。

解 (1)因为 $$\boldsymbol{A}=\begin{bmatrix}a_{11}&0&\cdots&0\\a_{21}&a_{22}&\cdots&0\\\vdots&\vdots&&\vdots\\a_{n1}&a_{n2}&\cdots&a_{nn}\end{bmatrix},$$

所以，$f_{\boldsymbol{A}}(\lambda)=|\lambda\boldsymbol{E}-\boldsymbol{A}|=(\lambda-a_{11})(\lambda-a_{22})\cdots(\lambda-a_{nn})$。

令 $f_{\boldsymbol{A}}(\lambda)=0$，即 $(\lambda-a_{11})(\lambda-a_{22})\cdots(\lambda-a_{nn})=0$，得 $\boldsymbol{A}$ 的所有特征值 $\lambda_i=a_{ii}(1\leqslant i\leqslant n)$。

当 $\lambda_i\neq\lambda_j(i\neq j;i,j=1,2,\cdots,n)$ 时，即 $a_{ii}\neq a_{jj}$ 时，$\boldsymbol{A}$ 可对角化。

(2)反证法。若 $\boldsymbol{A}$ 可对角化，则存在可逆矩阵 $\boldsymbol{P}$，使 $\boldsymbol{P}^{-1}\boldsymbol{A}\boldsymbol{P}=\begin{bmatrix}a_{11}&&&\\&a_{11}&&\\&&\ddots&\\&&&a_{11}\end{bmatrix}=a_{11}\boldsymbol{E}$，$\boldsymbol{A}=\boldsymbol{P}(a_{11}\boldsymbol{E})\boldsymbol{P}^{-1}=a_{11}\boldsymbol{P}\boldsymbol{P}^{-1}=a_{11}\boldsymbol{E}$，这与至少有一个 $a_{i_0j_0}\neq 0,(i_0>j_0)$ 矛盾。

故 $\boldsymbol{A}$ 不可对角化。

5.3.2 二次型

例 5.9 设对称阵 $\boldsymbol{A}=\begin{bmatrix}2&-2&0\\-2&1&-2\\0&-2&0\end{bmatrix}$，求正交矩阵 $\boldsymbol{T}$ 使 $\boldsymbol{T}^{-1}\boldsymbol{A}\boldsymbol{T}$ 为对角阵。

解 第 1 步，求 $\boldsymbol{A}$ 的特征值。

由 $|\lambda\boldsymbol{E}-\boldsymbol{A}|=\begin{vmatrix}\lambda-2&2&0\\2&\lambda-1&2\\0&2&\lambda\end{vmatrix}=(\lambda-4)(\lambda-1)(\lambda+2)=0$，得，$\lambda_1=4,\lambda_2=1,\lambda_3=-2$。

第 2 步，由 $(\lambda_i\boldsymbol{E}-\boldsymbol{A})\boldsymbol{x}=\boldsymbol{0}$，求出 $\boldsymbol{A}$ 的特征向量。

当 $\lambda_1=4$，由 $(4\boldsymbol{E}-\boldsymbol{A})\boldsymbol{x}=\boldsymbol{0}$ 得 $\begin{cases}2x_1+2x_2=0\\2x_1+3x_2+2x_3=0\\2x_2+4x_3=0\end{cases}$，解得基础解系 $\boldsymbol{\alpha}_1=\begin{bmatrix}-2\\2\\-1\end{bmatrix}$。

当 $\lambda_2=1$，由 $(\boldsymbol{E}-\boldsymbol{A})\boldsymbol{x}=\boldsymbol{0}$ 得 $\begin{cases}-x_1+2x_2=0\\2x_1+2x_3=0\\2x_2+x_3=0\end{cases}$，解得基础解系 $\boldsymbol{\alpha}_2=\begin{bmatrix}2\\1\\-2\end{bmatrix}$。

当 $\lambda_3=-2$，由 $(-2\boldsymbol{E}-\boldsymbol{A})\boldsymbol{x}=\boldsymbol{0}$ 得 $\begin{cases}-4x_1+2x_2=0\\2x_1-3x_2+2x_3=0\\2x_2-2x_3=0\end{cases}$，解得基础解系 $\boldsymbol{\alpha}_3=\begin{bmatrix}1\\2\\2\end{bmatrix}$。

第 3 步，将特征向量正交化。因为 $\boldsymbol{\alpha}_1$、$\boldsymbol{\alpha}_2$、$\boldsymbol{\alpha}_3$ 是属于 $\boldsymbol{A}$ 的 3 个不同特征值的特征向量，故它们两两正交。

第 4 步，将特征向量单位化。

令 $\boldsymbol{\eta}_i=\dfrac{\boldsymbol{\alpha}_i}{\|\boldsymbol{\alpha}_i\|}$，$i=1,2,3$，得 $\boldsymbol{\eta}_1=\begin{bmatrix}-\frac{2}{3}\\ \frac{2}{3}\\ -\frac{1}{3}\end{bmatrix}$，$\boldsymbol{\eta}_2=\begin{bmatrix}\frac{2}{3}\\ \frac{1}{3}\\ -\frac{2}{3}\end{bmatrix}$，$\boldsymbol{\eta}_3=\begin{bmatrix}\frac{1}{3}\\ \frac{2}{3}\\ \frac{2}{3}\end{bmatrix}$。

令 $\boldsymbol{T}=\dfrac{1}{3}\begin{bmatrix}-2&2&1\\2&1&2\\-1&-2&2\end{bmatrix}$，则 $\boldsymbol{T}^{-1}\boldsymbol{A}\boldsymbol{T}=\begin{bmatrix}4&0&0\\0&1&0\\0&0&-2\end{bmatrix}$。

例 5.10　用正交变换化 $f(x_1,x_2,x_3)=2x_1x_3+x_2^2$ 为标准形。

解　第 1 步，将二次型表示成矩阵形式。

由 $f(x_1,x_2,x_3)=(x_1,x_2,x_3)\begin{bmatrix}0&0&1\\0&1&0\\1&0&0\end{bmatrix}\begin{bmatrix}x_1\\x_2\\x_3\end{bmatrix}=\boldsymbol{x}^{\mathrm{T}}\boldsymbol{A}\boldsymbol{x}$，得实对称矩阵 $\boldsymbol{A}=\begin{bmatrix}0&0&1\\0&1&0\\1&0&0\end{bmatrix}$。

第 2 步，求出 $\boldsymbol{A}$ 的所有特征值。

由 $|\lambda\boldsymbol{E}-\boldsymbol{A}|=(\lambda+1)(\lambda-1)^2=0$，得 $\lambda_1=\lambda_2=1$，$\lambda_3=-1$。

第 3 步，解方程组 $(\lambda_1\boldsymbol{E}-\boldsymbol{A})\boldsymbol{x}=\boldsymbol{0}$，得它的基础解系 $\boldsymbol{\alpha}_1=\begin{bmatrix}1\\0\\1\end{bmatrix}$，$\boldsymbol{\alpha}_2=\begin{bmatrix}0\\1\\0\end{bmatrix}$。

因为 $[\boldsymbol{\alpha}_1,\boldsymbol{\alpha}_2]=\boldsymbol{0}$，所有 $\boldsymbol{\alpha}_1$ 与 $\boldsymbol{\alpha}_2$ 正交，把它们单位化得

$$\boldsymbol{\eta}_1=\frac{\boldsymbol{\alpha}_1}{\|\boldsymbol{\alpha}_1\|}=\begin{bmatrix}\frac{1}{\sqrt{2}}\\0\\\frac{1}{\sqrt{2}}\end{bmatrix},\boldsymbol{\eta}_2=\frac{\boldsymbol{\alpha}_2}{\|\boldsymbol{\alpha}_2\|}=\begin{bmatrix}0\\1\\0\end{bmatrix};$$

解方程组 $(\lambda_3\boldsymbol{E}-\boldsymbol{A})\boldsymbol{x}=\boldsymbol{0}$，得它的基础解系 $\boldsymbol{\alpha}_3=\begin{bmatrix}1\\0\\-1\end{bmatrix}$，单位化为 $\boldsymbol{\eta}_3=\dfrac{\boldsymbol{\alpha}_3}{\|\boldsymbol{\alpha}_3\|}=\begin{bmatrix}\frac{1}{\sqrt{2}}\\0\\-\frac{1}{\sqrt{2}}\end{bmatrix}$。

因为 $\lambda_1\neq\lambda_3$，所以 $\boldsymbol{\eta}_3$ 与 $\boldsymbol{\eta}_1$、$\boldsymbol{\eta}_2$ 正交，令 $\boldsymbol{T}=[\boldsymbol{\eta}_1\quad\boldsymbol{\eta}_2\quad\boldsymbol{\eta}_3]$，则 $\boldsymbol{T}$ 为正交矩阵，且

$\boldsymbol{T}^{-1}\boldsymbol{A}\boldsymbol{T}=\begin{bmatrix}1&0&0\\0&1&0\\0&0&-1\end{bmatrix}=\boldsymbol{\Lambda}$ 为对角矩阵。

第 4 步，作正交变换 $\boldsymbol{X}=\boldsymbol{T}\boldsymbol{Y}$ 得，$f=\boldsymbol{Y}^{\mathrm{T}}(\boldsymbol{T}^{\mathrm{T}}\boldsymbol{A}\boldsymbol{T})\boldsymbol{Y}=\boldsymbol{Y}^{\mathrm{T}}\boldsymbol{\Lambda}\boldsymbol{Y}=y_1^2+y_2^2-y_3^2$。

例 5.11　用配方法化二次型为标准形，并求相应的线性变换：

$$f(x_1,x_2,x_3)=x_1^2+2x_2^2+10x_3^2+2x_1x_2+8x_2x_3+2x_1x_3。$$

解 将 f 中含 x_i 的项集中进行配方,并作相应的线性变换。

$$\begin{aligned} f(x_1,x_2,x_3)&=x_1^2+2x_1(x_2+x_3)+2x_2^2+10x_3^2+8x_2x_3\\ &=(x_1+x_2+x_3)^2-(x_2+x_3)^2+2x_2^2+10x_3^2+8x_2x_3\\ &=(x_1+x_2+x_3)^2+x_2^2+9x_3^2+6x_2x_3\\ &=(x_1+x_2+x_3)^2+(x_2+3x_3)^2 \end{aligned}$$

令$\begin{cases} y_1=x_1+x_2+x_3\\ y_2=x_2+3x_3\\ y_3=x_3 \end{cases}\Rightarrow\begin{cases} x_1=y_1-y_2+2y_3\\ x_2=y_2-3y_3\\ x_3=y_3 \end{cases}$,

即 $\boldsymbol{x}=\boldsymbol{cy}$,其中

$$\boldsymbol{c}=\begin{bmatrix} 1 & -1 & 2\\ 0 & 1 & -3\\ 0 & 0 & 1 \end{bmatrix},$$

所以有 $f=y_1^2+y_2^2$。

5.4 独立作业

5.4.1 基础练习

一、填空题

1. $\boldsymbol{\alpha}=[1\quad 2\quad 2\quad 3]$,$\boldsymbol{\beta}=[3\quad 1\quad 5\quad 1]$,则$\angle(\boldsymbol{\alpha},\boldsymbol{\beta})=$____________。

2. 若 $\lambda=2$ 为可逆矩阵 $\boldsymbol{A}$ 的特征值,则 $\left(\frac{1}{3}\boldsymbol{A}^2\right)^{-1}$ 的一个特征值为____________。

二、综合题

3. 试证:n 阶方阵 $\boldsymbol{A}$ 满足 $\boldsymbol{A}^2=\boldsymbol{A}$,则 $\boldsymbol{A}$ 的特征值为 0 或者 1。

4. 已知 $\boldsymbol{\alpha}_1=(1,1,1)^{\mathrm{T}}$，求 $\boldsymbol{\alpha}_2$、$\boldsymbol{\alpha}_3$，使得 $\boldsymbol{\alpha}_1$、$\boldsymbol{\alpha}_2$、$\boldsymbol{\alpha}_3$ 构成 $\mathbf{R}^3$ 的一个规范正交基。

5. 已知 $\boldsymbol{A}=\begin{pmatrix}1 & -2 & 2\\ -2 & -2 & 4\\ 2 & 4 & -2\end{pmatrix}$，问 $\boldsymbol{A}$ 能否化为对角矩阵？若能对角化，则求出可逆矩阵 $\boldsymbol{P}$，使 $\boldsymbol{P}^{-1}\boldsymbol{A}\boldsymbol{P}$ 为对角矩阵。

6. 将二次型 $f=17x_1^2+14x_2^2+14x_3^2-4x_1x_2-4x_1x_3-8x_2x_3$，通过正交变换 $\boldsymbol{x}=\boldsymbol{P}\boldsymbol{y}$ 化成标准形。

7. 判断二次型 $f(x_1,x_2,x_3)=5x_1^2+x_2^2+5x_3^2+4x_1x_2-8x_1x_3-4x_2x_3$ 是否正定。

5.4.2 提高练习

1. 设 n 阶实对称矩阵 $\boldsymbol{A}$ 满足 $\boldsymbol{A}^2=\boldsymbol{A}$，且 $\boldsymbol{A}$ 的秩为 r，试求 $\det(2\boldsymbol{E}-\boldsymbol{A})$ 的值。

2. 设 $\boldsymbol{A}=\begin{pmatrix}4 & 6 & 0\\ -3 & -5 & 0\\ -3 & -6 & 1\end{pmatrix}$，问 $\boldsymbol{A}$ 能否对角化，若能对角化则求出可逆矩阵 $\boldsymbol{P}$，使得 $\boldsymbol{P}^{-1}\boldsymbol{A}\boldsymbol{P}$ 为对角矩阵。

3. 已知实对称矩阵 $\boldsymbol{A}=\begin{bmatrix}2 & -2 & 0\\ -2 & 1 & -2\\ 0 & -2 & 0\end{bmatrix}$，求出正交矩阵 $\boldsymbol{P}$，使得 $\boldsymbol{P}^{-1}\boldsymbol{A}\boldsymbol{P}$ 为对角矩阵。

4. 化二次型 $f(x_1,x_2,x_3)=x_1x_2+x_1x_3+x_2x_3$ 为标准形，并求所用的可逆线性变换。

5. 判别二次型 $f=-5x^2-6y^2-4z^2+4xy+4yz$ 的正定性。

5.4.3 考研连线

1. 已知二次型 $f(x_1,x_2,x_3)=5x_1^2+5x_2^2+cx_3^2-2x_1x_2+6x_1x_3-6x_2x_3$ 的秩为 2,则参数 $c=$______。

2. 若二次型 $f(x_1,x_2,x_3)=2x_1^2+x_2^2+x_3^2+2x_1x_2+tx_2x_3$ 是正定的,则 t 的取值范围是____________。

3. 已知二次型 $f(x_1,x_2,x_3)=(1-a)x_1^2+(1-a)x_2^2+2x_3^2+2(1+a)x_1x_2$ 的秩为 2。

(1)求 a 的值;

(2)正交变换 $\boldsymbol{x}=\boldsymbol{Q}\boldsymbol{y}$,把 $f(x_1,x_2,x_3)$化成标准形。

独立作业参考答案与提示

第1章

基础练习

1.C　2.B　3.C　4.A　5.B

6. $A_{11}+A_{21}+A_{31}=\begin{vmatrix}1 & b & c\\1 & a & c\\1 & b & c\end{vmatrix}=0$,故答案为 0

7.因为在此行列式的展开式中,含有 x^3 的只有主对角线上的元素的积,故答案为 -2

8.由范德蒙德行列式可知,结果为 288

9. $\begin{vmatrix}1 & 4 & 9 & 16\\4 & 9 & 16 & 25\\9 & 16 & 25 & 36\\16 & 25 & 36 & 49\end{vmatrix}=\begin{vmatrix}1 & 4 & 9 & 16\\3 & 5 & 7 & 9\\5 & 7 & 9 & 11\\7 & 9 & 11 & 13\end{vmatrix}=\begin{vmatrix}1 & 4 & 9 & 16\\3 & 5 & 7 & 9\\2 & 2 & 2 & 2\\2 & 2 & 2 & 2\end{vmatrix}=0$

10. $D=\begin{vmatrix}0 & y & 0 & x\\x & 0 & y & 0\\0 & x & 0 & y\\y & 0 & x & 0\end{vmatrix}=-y\begin{vmatrix}x & y & 0\\0 & 0 & y\\y & x & 0\end{vmatrix}-x\begin{vmatrix}x & 0 & y\\0 & x & 0\\y & 0 & x\end{vmatrix}=y^2\begin{vmatrix}x & y\\y & x\end{vmatrix}-x^2\begin{vmatrix}x & y\\y & x\end{vmatrix}$

$=-(x^2-y^2)^2$

11. $D=\begin{vmatrix}1 & 0 & 1 & 0 & 0\\0 & 2 & -1 & 0 & 0\\3 & 1 & 0 & 0 & 0\\0 & 0 & 0 & 2 & 1\\0 & 0 & 0 & 0 & -2\end{vmatrix}=-2\begin{vmatrix}1 & 0 & 1 & 0\\0 & 2 & -1 & 0\\3 & 1 & 0 & 0\\0 & 0 & 0 & 2\end{vmatrix}=-4\begin{vmatrix}1 & 0 & 1\\0 & 2 & -1\\3 & 1 & 0\end{vmatrix}$

$=-4\begin{vmatrix}1 & 0 & 0\\0 & 2 & -1\\3 & 1 & -3\end{vmatrix}=-4\begin{vmatrix}2 & -1\\1 & -3\end{vmatrix}=20$

12.将第 $i(i=1,2,\cdots,n)$ 列的 $-\dfrac{1}{x}$ 倍加到第 1 列上去,则

$$D=\begin{vmatrix}0&1&1&\cdots&1\\1&x_1&0&\cdots&0\\1&0&x_2&\cdots&0\\\vdots&\vdots&\vdots&&\vdots\\1&0&0&\cdots&x_n\end{vmatrix}=\begin{vmatrix}-\sum_{i=1}^{n}\frac{1}{x_i}&1&1&\cdots&1\\0&x_1&0&\cdots&0\\0&0&x_2&\cdots&0\\\vdots&\vdots&\vdots&&\vdots\\0&0&0&\cdots&x_n\end{vmatrix}$$

$$=-x_1x_2\cdots x_n\left(\sum_{i=1}^{n}\frac{1}{x_i}\right)$$

13. $$\begin{vmatrix}1+x_1&1&1&1\\1&1+x_2&1&1\\1&1&1+x_3&1\\1&1&1&1+x_4\end{vmatrix}=\begin{vmatrix}1+x_1&-x_1&-x_1&-x_1\\1&x_2&0&0\\1&0&x_3&0\\1&0&0&x_4\end{vmatrix}$$

$$=\begin{vmatrix}1+x_1+\frac{x_1}{x_2}+\frac{x_1}{x_3}+\frac{x_1}{x_4}&-x_1&-x_1&-x_1\\0&x_2&0&0\\0&0&x_3&0\\0&0&0&x_4\end{vmatrix}$$

$$=x_1x_2x_3x_4+x_2x_3x_4+x_1x_3x_4+x_1x_2x_4+x_1x_2x_3$$

14. $$\begin{vmatrix}1&2&2&\cdots&2\\2&2&2&\cdots&2\\2&2&3&\cdots&2\\\vdots&\vdots&\vdots&&\vdots\\2&2&2&\cdots&n\end{vmatrix}=\begin{vmatrix}-1&2&0&\cdots&0\\0&2&0&\cdots&0\\0&2&1&\cdots&0\\\vdots&\vdots&\vdots&&\vdots\\0&2&0&\cdots&n-2\end{vmatrix}=-\begin{vmatrix}2&0&\cdots&0\\2&1&\cdots&0\\\vdots&\vdots&&\vdots\\2&0&\cdots&n-2\end{vmatrix}$$

$$=-2(n-2)!$$

15. $$D_n=\begin{vmatrix}2&1&\cdots&1\\1&2&\cdots&1\\\vdots&\vdots&&\vdots\\1&1&\cdots&2\end{vmatrix}=\begin{vmatrix}n+1&1&\cdots&1\\n+1&2&\cdots&1\\\vdots&\vdots&&\vdots\\n+1&1&\cdots&2\end{vmatrix}=(n+1)\begin{vmatrix}1&1&\cdots&1\\1&2&\cdots&1\\\vdots&\vdots&&\vdots\\1&1&\cdots&2\end{vmatrix}$$

$$=(n+1)\begin{vmatrix}1&0&\cdots&0\\1&1&\cdots&0\\\vdots&\vdots&&\vdots\\1&0&\cdots&1\end{vmatrix}=n+1$$

16. 由齐次线性方程组有非零解的条件可知 $\begin{vmatrix}2&4&\mu-1\\\mu-3&1&-2\\-1&1-\mu&-1\end{vmatrix}=0$

解之得 $\mu=0,2,3$

于是当 $\mu=0,2,3$ 时，齐次线性方程组 $\begin{cases}2x_1+4x_2+(\mu-1)x_3=0\\(\mu-3)x_1+x_2-2x_3=0\\-x_1+(1-\mu)x_2-x_3=0\end{cases}$ 有非零解

17.(1)当 $n=1$ 时,结论显然成立。

(2)假设当 $n\leqslant k$ 时,结论成立。

(3)当 $n=k+1$ 时,

$$D_{k+1}=\begin{vmatrix} 2\cos\alpha & 1 & 0 & \cdots & 0 & 0 \\ 1 & 2\cos\alpha & 1 & \cdots & 0 & 0 \\ 0 & 1 & 2\cos\alpha & \cdots & 0 & 0 \\ \vdots & \vdots & \vdots & & \vdots & \vdots \\ 0 & 0 & 0 & \cdots & 2\cos\alpha & 1 \\ 0 & 0 & 0 & \cdots & 1 & 2\cos\alpha \end{vmatrix}_{k+1}$$

$$=2\cos\alpha D_k+(-1)^3\begin{vmatrix} 1 & 0 & 0 & \cdots & 0 & 0 \\ 1 & 2\cos\alpha & 1 & \cdots & 0 & 0 \\ 0 & 1 & 2\cos\alpha & \cdots & 0 & 0 \\ 0 & 0 & 1 & \cdots & 0 & 0 \\ \vdots & \vdots & \vdots & & \vdots & \vdots \\ 0 & 0 & 0 & \cdots & 1 & 2\cos\alpha \end{vmatrix}_{k}$$

$$=\frac{2\cos\alpha\sin(k+1)\alpha}{\sin\alpha}-D_{k-1}=\frac{2\cos\alpha\sin k\alpha}{\sin\alpha}-\frac{\sin k\alpha}{\sin\alpha}=\frac{\sin(k+2)\alpha}{\sin\alpha}$$

$$=\frac{\sin[(k+1)+1]\alpha}{\sin\alpha}$$

故结论成立。

提高练习

1. C 2. D 3. B 4. D 5. $\dfrac{n(n-1)}{2}$ 6. $a_{12}a_{21}a_{33}a_{44}$ 7. 32,64 8. $(-1)^n\dfrac{3^{2n-1}}{2}$ 9. 6

10. $x=b_i(i=1,2,\cdots,n)$(提示:用范德蒙德行列式将行列式展开求解)

11. 用罗尔中值定理证明

显然 $g(x)$ 是多项式,故 $g(x)$ 在 $[0,1]$ 上连续,在 $(0,1)$ 内可导,且 $g(0)=g(1)=0$,从而由罗尔中值定理知,存在 $\zeta\in(0,1)$,使得 $g'(\zeta)=0$

12. $A_{41}+A_{42}+A_{43}+A_{44}=\begin{vmatrix} 1 & -5 & 1 & 3 \\ 1 & 1 & 3 & 4 \\ 1 & 1 & 2 & 3 \\ 1 & 1 & 1 & 1 \end{vmatrix}=6$

13. $x_1=1,x_2=2,x_3=3$

14. 用洛必达法则求解

$$\lim_{x\to 0}\frac{\begin{vmatrix} x^3 & x^2 & 1 \\ 3 & 2 & 1 \\ x & \sin x & 2 \end{vmatrix}}{\begin{vmatrix} 1 & 2 & 3 \\ \sin x & \cos x & 1 \\ 0 & 1 & 1 \end{vmatrix}}=\lim_{x\to 0}\frac{\begin{vmatrix} x^3 & x^2 & 1 \\ 3 & 2 & 1 \\ 1 & \cos x & 0 \end{vmatrix}+\begin{vmatrix} 3x^2 & 2x & 0 \\ 3 & 2 & 1 \\ x & \sin x & 2 \end{vmatrix}}{\begin{vmatrix} 1 & 2 & 3 \\ \cos x & -\sin x & 0 \\ 0 & 1 & 1 \end{vmatrix}}=\frac{\begin{vmatrix} 0 & 0 & 1 \\ 3 & 2 & 1 \\ 1 & 1 & 0 \end{vmatrix}+\begin{vmatrix} 0 & 0 & 0 \\ 3 & 2 & 1 \\ 0 & 0 & 2 \end{vmatrix}}{\begin{vmatrix} 1 & 2 & 3 \\ 1 & 0 & 0 \\ 0 & 1 & 1 \end{vmatrix}}=1$$

考研连线

1. $(a_2a_3-b_2b_3)(a_1a_4-b_1b_4)$　2. $[(1-a)^2+a](1+a^2)$

3. $(n+1)a^n$　4. $\prod_{i=1}^{n}a_i+(-1)^{n+1}\prod_{i=1}^{n}b_i$　5. $\left(a_0-\sum_{i=1}^{n}\frac{b_ic_i}{a_i}\right)\prod_{i=1}^{n}a_i$

第2章

基础练习

1. C(提示：$\boldsymbol{AB}=\boldsymbol{0}\Rightarrow|\boldsymbol{AB}|=0\Rightarrow|\boldsymbol{A}||\boldsymbol{B}|=0\Rightarrow|\boldsymbol{A}|=0$ 或 $|\boldsymbol{B}|=0$)

2. D(提示：$\boldsymbol{A}$、$\boldsymbol{B}$、$\boldsymbol{C}$ 可逆，等式左乘以 $\boldsymbol{A}^{-1}$，右乘以 $\boldsymbol{A}$)

3. A(提示：$|k\boldsymbol{A}|=k^3|\boldsymbol{A}|=-11k^3$)

4. D(提示：由于 $\boldsymbol{A}$ 可逆$\Leftrightarrow|\boldsymbol{A}|\neq0\Leftrightarrow|\boldsymbol{A}^{\mathrm{T}}|\neq0\Leftrightarrow\boldsymbol{A}^{\mathrm{T}}$可逆，若 $\boldsymbol{A}$ 是 n 阶可逆方阵，则 $\boldsymbol{A}^{\mathrm{T}}$ 也可逆)

5. $\boldsymbol{A}^{-1}=\begin{bmatrix}\boldsymbol{A}_1^{-1} & \boldsymbol{O}\\ \boldsymbol{O} & \boldsymbol{A}_2^{-1}\end{bmatrix}=\begin{bmatrix}1&0&0&0\\0&\frac{1}{3}&0&0\\0&0&0&1\\0&0&-1&1\end{bmatrix}$

6. $\boldsymbol{A}-2\boldsymbol{E}=\begin{bmatrix}1&0&0\\1&2&0\\0&0&1\end{bmatrix}$，$(\boldsymbol{A}-2\boldsymbol{E})^{-1}=\begin{bmatrix}1&0&0\\-\frac{1}{2}&\frac{1}{2}&0\\0&0&1\end{bmatrix}$

7. $\boldsymbol{AB}-\boldsymbol{A}^2=3\boldsymbol{B}-9\boldsymbol{E}$，$\boldsymbol{AB}-3\boldsymbol{B}=\boldsymbol{A}^2-9\boldsymbol{E}$，$(\boldsymbol{A}-3\boldsymbol{E})(\boldsymbol{A}+3\boldsymbol{E})$

由于$|\boldsymbol{A}-3\boldsymbol{E}|=\begin{vmatrix}-2&0&1\\0&-1&0\\0&0&1\end{vmatrix}=2\neq0$，故 $\boldsymbol{A}-3\boldsymbol{E}$ 是可逆的，$\boldsymbol{B}=\boldsymbol{A}+3\boldsymbol{E}=\begin{bmatrix}4&0&1\\0&5&0\\0&0&7\end{bmatrix}$

8. $\boldsymbol{AB}-\boldsymbol{B}=\boldsymbol{A}$，$\boldsymbol{A}(\boldsymbol{B}-\boldsymbol{E})=\boldsymbol{B}$，$|\boldsymbol{B}-\boldsymbol{E}|=\begin{vmatrix}0&-2&0\\2&0&0\\0&0&1\end{vmatrix}=4\neq0$，$\boldsymbol{B}-\boldsymbol{E}$ 是可逆的，$\boldsymbol{A}=\boldsymbol{B}(\boldsymbol{B}-\boldsymbol{E})^{-1}=$

$$\begin{bmatrix}1&-2&0\\2&1&0\\0&0&2\end{bmatrix}\begin{bmatrix}0&\frac{1}{2}&0\\-\frac{1}{2}&0&0\\0&0&1\end{bmatrix}=\begin{bmatrix}1&\frac{1}{2}&0\\-\frac{1}{2}&1&0\\0&0&2\end{bmatrix}$$

9. $\boldsymbol{X}=\frac{1}{2}(\boldsymbol{B}-3\boldsymbol{A})=\frac{1}{2}\begin{bmatrix}-1&1\\-6&-4\\1&-9\end{bmatrix}$

提高练习

1. D(提示：$\boldsymbol{A}^2=\boldsymbol{A}\Leftrightarrow\boldsymbol{A}(\boldsymbol{A}-\boldsymbol{E})=\boldsymbol{0}$，若 $\boldsymbol{A}$ 可逆，则 $\boldsymbol{A}=\boldsymbol{E}$，$\boldsymbol{A}^2=\boldsymbol{E}$)

2. C(提示：$\boldsymbol{A}+\boldsymbol{B}=\begin{bmatrix}2a_{11}&a_{12}+x\\2a_{21}&a_{22}+y\end{bmatrix}$，

$|\boldsymbol{A}+\boldsymbol{B}|=\begin{vmatrix}2a_{11} & a_{12}+x\\ 2a_{21} & a_{22}+y\end{vmatrix}=2\left(\begin{vmatrix}a_{11} & a_{12}\\ a_{21} & a_{22}\end{vmatrix}+\begin{vmatrix}a_{11} & x\\ a_{21} & y\end{vmatrix}\right)=4$)

3. A(提示:乘积 $\boldsymbol{AB}$ 的第 i 行是 $\boldsymbol{A}$ 的第 i 行与 $\boldsymbol{B}$ 的 $1,\cdots,n$ 列的乘积)

4. D(提示:$(\boldsymbol{ABC}^{\mathrm{T}})^{-1}=((\boldsymbol{AC})\boldsymbol{B}^{\mathrm{T}})^{-1}=(\boldsymbol{B}^{\mathrm{T}})^{-1}(\boldsymbol{AC})^{-1}=(\boldsymbol{B}^{-1})^{\mathrm{T}}\boldsymbol{C}^{-1}\boldsymbol{A}^{-1}$)

5. C(提示:$|k\boldsymbol{A}^*|=k^n|\boldsymbol{A}^*|=k^n|\boldsymbol{A}|^{n-1}$)

6. $|3\boldsymbol{A}^{-1}-2\boldsymbol{A}^*|=|3\boldsymbol{A}^{-1}-2|\boldsymbol{A}|\boldsymbol{A}^{-1}|=|(-3)\boldsymbol{A}^{-1}|=(-3)^3\dfrac{1}{|\boldsymbol{A}|}$

$$=(-3)^3\times\frac{1}{3}=-9$$

7. $\boldsymbol{A}^{-1}=\dfrac{1}{|\boldsymbol{A}|}\boldsymbol{A}^*=\begin{pmatrix}\cos\theta & \sin\theta\\ \sin\theta & -\cos\theta\end{pmatrix}$

8. 由于 $\boldsymbol{A}^{-1}\boldsymbol{BA}=6\boldsymbol{A}+\boldsymbol{BA}$,$(\boldsymbol{A}^{-1}-\boldsymbol{E})\boldsymbol{BA}=6\boldsymbol{A}$,右乘以 $\boldsymbol{A}^{-1}$ 得 $(\boldsymbol{A}^{-1}-\boldsymbol{E})\boldsymbol{B}=6\boldsymbol{E}$

又 $(\boldsymbol{E}-\boldsymbol{A})$ 可逆,故 $\boldsymbol{B}=6(\boldsymbol{A}^{-1}-\boldsymbol{E})^{-1}=6\begin{bmatrix}\frac{1}{2} & 0 & 0\\ 0 & \frac{1}{3} & 0\\ 0 & 0 & \frac{1}{6}\end{bmatrix}=\begin{bmatrix}3 & 0 & 0\\ 0 & 2 & 0\\ 0 & 0 & 1\end{bmatrix}$

9. 方程整理得 $\boldsymbol{A}(\boldsymbol{X}-\boldsymbol{A})(\boldsymbol{B}-\boldsymbol{E})=\boldsymbol{B}$

由于 $|\boldsymbol{A}|\neq 0$, $|\boldsymbol{B}-\boldsymbol{E}|\neq 0$, 故 $\boldsymbol{A}$、$\boldsymbol{B}-\boldsymbol{E}$ 是可逆的, 且 $\boldsymbol{A}^{-1}=\begin{bmatrix}1 & -1 & -2\\ 0 & 1 & 1\\ 0 & 0 & -1\end{bmatrix}$,

$(\boldsymbol{B}-\boldsymbol{E})^{-1}=\begin{bmatrix}1 & 0 & -1\\ 0 & 1 & 0\\ 0 & 0 & 1\end{bmatrix}$

则 $\boldsymbol{X}-\boldsymbol{A}=\boldsymbol{A}^{-1}\boldsymbol{B}(\boldsymbol{B}-\boldsymbol{E})^{-1}=\begin{bmatrix}1 & -1 & -2\\ 0 & 1 & 1\\ 0 & 0 & -1\end{bmatrix}\begin{bmatrix}2 & 0 & 1\\ 0 & 2 & 0\\ 0 & 0 & 2\end{bmatrix}\begin{bmatrix}1 & 0 & -1\\ 0 & 1 & 0\\ 0 & 0 & 1\end{bmatrix}=\begin{bmatrix}3 & -1 & -6\\ 0 & 3 & 3\\ 0 & 0 & -3\end{bmatrix}$

故 $\boldsymbol{X}=\begin{bmatrix}3 & -1 & 6\\ 0 & 3 & 3\\ 0 & 0 & -3\end{bmatrix}$

10. 由于 $\boldsymbol{A}+\boldsymbol{B}=\boldsymbol{AB}\Rightarrow\boldsymbol{A}=\boldsymbol{AB}-\boldsymbol{B}=(\boldsymbol{A}-\boldsymbol{E})\boldsymbol{B}$(由于 $\boldsymbol{B}$ 不一定可逆,不能同时右乘以 $\boldsymbol{B}^{-1}$)

所以 $(\boldsymbol{A}-\boldsymbol{E})+\boldsymbol{E}=(\boldsymbol{A}-\boldsymbol{E})\boldsymbol{B}\Rightarrow(\boldsymbol{A}-\boldsymbol{E})(\boldsymbol{B}-\boldsymbol{E})=\boldsymbol{E}$

所以 $(\boldsymbol{A}-\boldsymbol{E})^{-1}=\boldsymbol{B}-\boldsymbol{E}$

11. 由于 $|\boldsymbol{A}|=\begin{vmatrix}1 & 0 & 0\\ 1 & 2 & 0\\ 1 & 1 & 2\end{vmatrix}=4\neq 0$,故 $\boldsymbol{A}$ 是可逆的,$\boldsymbol{A}^*$ 是可逆的;根据 $\boldsymbol{AA}^*=|\boldsymbol{A}|\boldsymbol{E}$, 有 $\boldsymbol{A}^*(\boldsymbol{A}^*)^{-1}=$

$\boldsymbol{E}$;方程左右两边同时左乘以 $\boldsymbol{A}$ 得,$\boldsymbol{A}\boldsymbol{A}^*(\boldsymbol{A}^*)^{-1}=\boldsymbol{A}\boldsymbol{E}$,即 $(\boldsymbol{A}^*)^{-1}=\frac{1}{|\boldsymbol{A}|}\boldsymbol{A}$,故 $(\boldsymbol{A}^*)^{-1}=\frac{1}{|\boldsymbol{A}|}\boldsymbol{A}=$

$$\frac{1}{4}\begin{bmatrix}1&0&0\\1&2&0\\1&1&2\end{bmatrix}$$

考研连线

1. $14^{n-1}\begin{bmatrix}1&2&3\\4&5&6\\7&8&9\end{bmatrix}$

2. 证明:(1)根据矩阵转置的性质,我们有 $(\boldsymbol{A}+\boldsymbol{A}^{\mathrm{T}})^{\mathrm{T}}=\boldsymbol{A}^{\mathrm{T}}+(\boldsymbol{A}^{\mathrm{T}})^{\mathrm{T}}=\boldsymbol{A}^{\mathrm{T}}+\boldsymbol{A}=\boldsymbol{A}+\boldsymbol{A}^{\mathrm{T}}$,因此,$\boldsymbol{A}+\boldsymbol{A}^{\mathrm{T}}$ 是对称矩阵。

根据矩阵转置的性质和矩阵的负运算规则,我们有

$(\boldsymbol{A}-\boldsymbol{A}^{\mathrm{T}})^{\mathrm{T}}=\boldsymbol{A}^{\mathrm{T}}-(\boldsymbol{A}^{\mathrm{T}})^{\mathrm{T}}=\boldsymbol{A}^{\mathrm{T}}-\boldsymbol{A}=-(\boldsymbol{A}-\boldsymbol{A}^{\mathrm{T}})$。

因此,$\boldsymbol{A}-\boldsymbol{A}^{\mathrm{T}}$ 是反对称矩阵。

(2)取 $\boldsymbol{B}=\frac{1}{2}(\boldsymbol{A}+\boldsymbol{A}^{\mathrm{T}})$ 和 $\boldsymbol{C}=\frac{1}{2}(\boldsymbol{A}-\boldsymbol{A}^{\mathrm{T}})$。然后,我们证明 $\boldsymbol{C}$ 是反对称矩阵;

$(\boldsymbol{C}^{\mathrm{T}})^{\mathrm{T}}=\frac{1}{2}(\boldsymbol{A}-\boldsymbol{A}^{\mathrm{T}})=-\boldsymbol{C}$,因此,$\boldsymbol{B}$ 是对称矩阵,$\boldsymbol{C}$ 是反对称矩阵,并且 $\boldsymbol{A}=\boldsymbol{B}+\boldsymbol{C}$

3. $\frac{1}{2}$　4. $\mathrm{diag}(2,-4,2)$　5. $\boldsymbol{B}=\begin{bmatrix}6&0&0&0\\0&6&0&0\\6&0&6&0\\0&3&0&-1\end{bmatrix}$

第3章

基础练习

1. C(提示:$R(\boldsymbol{A})\leqslant\min\{R(\boldsymbol{B}),R(\boldsymbol{C})\}$)

2. B

3. A(提示:将解向量代入即可)

4. $R(\boldsymbol{A})<n$

5. 有无穷多解的充分必要条件是系数矩阵的秩等于增广矩阵的秩且小于未知数的个数,得 $\lambda=3$

6. $R(\boldsymbol{A})=2$

7. 由已知 $(\boldsymbol{A}-2\boldsymbol{E})\boldsymbol{X}=\boldsymbol{A}$,因为 $(\boldsymbol{A}-2\boldsymbol{E},\boldsymbol{A})\xrightarrow{r}\begin{bmatrix}1&0&0&3&-8&-6\\0&1&0&2&-9&-6\\0&0&1&-2&12&9\end{bmatrix}$

故 $\boldsymbol{X}=(\boldsymbol{A}-2\boldsymbol{E})^{-1}\boldsymbol{A}=\begin{bmatrix}3&-8&-6\\2&-9&-6\\-2&12&9\end{bmatrix}$

8. $\begin{bmatrix} 0 & -\frac{1}{2} & 0 \\ -3 & -\frac{3}{4} & -\frac{1}{2} \\ -1 & 0 & 0 \end{bmatrix}$

9. (1)无解；（2）$\begin{bmatrix} x_1 \\ x_2 \\ x_3 \\ x_4 \end{bmatrix} = c\begin{bmatrix} 4 \\ -9 \\ 4 \\ 3 \end{bmatrix}, c \in \mathbf{R}$

提高练习

1. 由矩阵 $\boldsymbol{A} = \begin{bmatrix} 1 & 2 & 3 & -3 & 2 \\ 3 & 5 & a & -4 & 4 \\ 4 & 5 & 0 & 3 & 7-a \end{bmatrix} \xrightarrow{r} \begin{bmatrix} 1 & 2 & 3 & -3 & 2 \\ 0 & -1 & a-9 & 5 & -2 \\ 0 & 0 & 15-3a & 0 & 5-a \end{bmatrix}$，故 $a=5$ 时，$R(\boldsymbol{A})=2$，所以选 A

2. D 3. C 4. C

5. D(提示：本题考查初等矩阵的概念与性质，根据矩阵的初等变换与初等矩阵之间的关系，对题中给出的行(列)变换通过左(右)乘一相应的初等矩阵来实现；对 $\boldsymbol{A}$ 作两次初等列变换，相当于右乘两个相应的初等矩阵，而 $\boldsymbol{Q}$ 为这两个初等矩阵的乘积，由题意 $\boldsymbol{B} = \boldsymbol{A}\begin{bmatrix} 0 & 1 & 0 \\ 1 & 0 & 0 \\ 0 & 0 & 1 \end{bmatrix}$，$\boldsymbol{C} = \boldsymbol{B}\begin{bmatrix} 1 & 0 & 0 \\ 0 & 1 & 1 \\ 0 & 0 & 1 \end{bmatrix}$，故 $\boldsymbol{C} = \boldsymbol{A}\begin{bmatrix} 0 & 1 & 1 \\ 1 & 0 & 0 \\ 0 & 0 & 1 \end{bmatrix} = \boldsymbol{AQ}$，故 $\boldsymbol{Q} = \begin{bmatrix} 0 & 1 & 1 \\ 1 & 0 & 0 \\ 0 & 0 & 1 \end{bmatrix}$)

6. C 7. D

8. 因为 $R(\boldsymbol{A})=3$，故 $\boldsymbol{A}^* = \boldsymbol{O}$，所以 $R(\boldsymbol{A}^*)=0$

9. 由于 $|\boldsymbol{B}| = 10 \neq 0$，故 $R(\boldsymbol{A}) = R(\boldsymbol{AB}) = 2$

10. 由于 $|\boldsymbol{A}| = 7(t+3)$，由已知 $|\boldsymbol{A}|=0$，故 $t=-3$

11. $k=3$

12. C(提示：本题考查初等变换与初等矩阵之间的关系及初等矩阵的性质，由已知 $\boldsymbol{B} = \boldsymbol{A}\boldsymbol{P}_2\boldsymbol{P}_1$，故 $\boldsymbol{B}^{-1} = \boldsymbol{P}_1^{-1}\boldsymbol{P}_2^{-1}\boldsymbol{A}^{-1} = \boldsymbol{P}_1\boldsymbol{P}_2\boldsymbol{A}$)

13. 2

14. 将 $\boldsymbol{A}$ 通过初等变换化为单位阵，再将每次的初等变换通过初等矩阵的乘积表示为

$$\boldsymbol{A} = \begin{bmatrix} 1 & 3 & 3 \\ 1 & 4 & 3 \\ 1 & 3 & 4 \end{bmatrix} = \begin{bmatrix} 1 & 0 & 0 \\ 0 & 1 & 0 \\ 1 & 0 & 1 \end{bmatrix}\begin{bmatrix} 1 & 0 & 0 \\ 1 & 1 & 0 \\ 0 & 0 & 1 \end{bmatrix}\begin{bmatrix} 1 & 3 & 0 \\ 0 & 1 & 0 \\ 0 & 0 & 1 \end{bmatrix}\begin{bmatrix} 1 & 0 & 3 \\ 0 & 1 & 0 \\ 0 & 0 & 1 \end{bmatrix}$$

15. 当 $\lambda \neq 1, \lambda \neq 10$ 时，方程组有唯一解；当 $\lambda = 10$ 时，方程组无解；

当 $\lambda=1$ 时，方程组有无穷多解，通解为 $\boldsymbol{x}=\begin{bmatrix}1\\0\\0\end{bmatrix}+c_1\begin{bmatrix}-2\\1\\0\end{bmatrix}+c_2\begin{bmatrix}2\\0\\1\end{bmatrix}(c_1,c_2\in\mathbf{R})$

16. $\boldsymbol{B}=\boldsymbol{E}(i,j)\boldsymbol{A}$，$|\boldsymbol{B}|=-|\boldsymbol{A}|\neq0$，即 $\boldsymbol{B}$ 可逆；$\boldsymbol{AB}^{-1}=\boldsymbol{E}(i,j)$

考研连线

1. $a=-1$

2. D

3. 当 $\lambda\neq1$ 且 $\lambda\neq10$ 时，方程组有唯一解；当 $\lambda=10$ 时，方程组无解；当 $\lambda=1$ 时，方程组有无穷多解

第4章

基础练习

1. D(提示：由已知可得 $(\lambda_1+k_p)\boldsymbol{\alpha}_1+\cdots+(\lambda_m+k_n)\boldsymbol{\alpha}_n+(\lambda_1-k_p)\boldsymbol{\beta}_1+\cdots+(\lambda_m-k_m)\boldsymbol{\beta}_m=\mathbf{0}$ 和 k_1，k_2，$\cdots$，k_m 不全为零，故 $\boldsymbol{\alpha}_1+\boldsymbol{\beta}_1,\cdots,\boldsymbol{\alpha}_m+\boldsymbol{\beta}_m,\boldsymbol{\alpha}_1-\boldsymbol{\beta}_1,\cdots,\boldsymbol{\alpha}_m-\boldsymbol{\beta}_m$ 线性相关)

2. D(提示：记 $\boldsymbol{A}=(\boldsymbol{\alpha}_1,\boldsymbol{\alpha}_2,\cdots,\boldsymbol{\alpha}_s)$，$\boldsymbol{B}=(\boldsymbol{\beta}_1,\boldsymbol{\beta}_2,\cdots,\boldsymbol{\beta}_t)$。若 $\boldsymbol{\alpha}_1,\boldsymbol{\alpha}_2,\cdots,\boldsymbol{\alpha}_s$ 能由 $\boldsymbol{\beta}_1,\boldsymbol{\beta}_2,\cdots,\boldsymbol{\beta}_t$ 线性表示，则 $R(\boldsymbol{A})=R(\boldsymbol{B},\boldsymbol{A})$。又因为 $R(\boldsymbol{A})=R(\boldsymbol{B})=r$，则 $R(\boldsymbol{A})=R(\boldsymbol{B})=R(\boldsymbol{B},\boldsymbol{A})$，所以 $\boldsymbol{\alpha}_1,\boldsymbol{\alpha}_2,\cdots,\boldsymbol{\alpha}_s$ 与 $\boldsymbol{\beta}_1,\boldsymbol{\beta}_2,\cdots,\boldsymbol{\beta}_t$ 等价，所以向量组 $\boldsymbol{\alpha}_1,\boldsymbol{\alpha}_2,\cdots,\boldsymbol{\alpha}_s$ 被向量组 $\boldsymbol{\beta}_1,\boldsymbol{\beta}_2,\cdots,\boldsymbol{\beta}_t$ 线性表示)

3. C(提示：因 $|\boldsymbol{A}|=0$，则 $R(\boldsymbol{A})<4$，$\boldsymbol{A}$ 经初等列变换化为阶梯矩阵 $\boldsymbol{B}$，$\boldsymbol{B}$ 必有零列，该列就是其余列的线性组合)

4. B(提示：$m>n$ 时，$R(\boldsymbol{A})\leqslant n<m$，又 $R(\boldsymbol{AB})\leqslant R(\boldsymbol{A})$，则 $R(\boldsymbol{AB})<m$，$\boldsymbol{AB}$ 为降阶方阵，所以 $|\boldsymbol{AB}|=0$)

5. A(提示：$\boldsymbol{\beta}_1$ 由可由 $\boldsymbol{\alpha}_1$、$\boldsymbol{\alpha}_2$、$\boldsymbol{\alpha}_3$ 线性表示知 $\boldsymbol{\beta}_1=\lambda_1\boldsymbol{\alpha}_1+\lambda_2\boldsymbol{\alpha}_2+\lambda_3\boldsymbol{\alpha}_3$，那么 $\boldsymbol{A}=\begin{bmatrix}\boldsymbol{\alpha}_1\\\boldsymbol{\alpha}_2\\\boldsymbol{\alpha}_3\\k\boldsymbol{\beta}_1+\boldsymbol{\beta}_2\end{bmatrix}\xrightarrow{r_2-k(\lambda_1r_1+\lambda_2r_2+\lambda_3r_3)}\begin{bmatrix}\boldsymbol{\alpha}_1\\\boldsymbol{\alpha}_2\\\boldsymbol{\alpha}_3\\\boldsymbol{\beta}_2\end{bmatrix}=\boldsymbol{B}$ 又 $\boldsymbol{\alpha}_1$、$\boldsymbol{\alpha}_2$、$\boldsymbol{\alpha}_3$ 线性无关，且 $\boldsymbol{\beta}_2$ 不能由 $\boldsymbol{\alpha}_1$、$\boldsymbol{\alpha}_2$、$\boldsymbol{\alpha}_3$ 线性表示，则 $R(\boldsymbol{A})=R(\boldsymbol{B})=4$，即 $\boldsymbol{\alpha}_1$、$\boldsymbol{\alpha}_2$、$\boldsymbol{\alpha}_3$、$k\boldsymbol{\beta}_1+\boldsymbol{\beta}_2$ 线性无关。这个结论肯定了 A 而排除了 B，对条件 C，取 $k=0$ 即与题设矛盾，可排除。对于 D，取 $k=1$ 时与 A 中 $k=1$ 相同，已知 A 正确，从而否定 D)

6. B

7. $abc\neq0$(提示：$\boldsymbol{\alpha}_1$、$\boldsymbol{\alpha}_2$、$\boldsymbol{\alpha}_3$ 线性无关 $\Leftrightarrow|\boldsymbol{\alpha}_1,\boldsymbol{\alpha}_2,\boldsymbol{\alpha}_3|\neq0$，即 $\begin{vmatrix}a&0&c\\b&c&0\\0&a&b\end{vmatrix}\neq0$，由此求得 $abc\neq0$)

8. 向量组的秩为 2。提示：

$$[\boldsymbol{\alpha}_1\quad\boldsymbol{\alpha}_2\quad\boldsymbol{\alpha}_3\quad\boldsymbol{\alpha}_4]=\begin{bmatrix}1&2&3&4\\2&3&4&5\\3&4&5&6\\4&5&6&7\end{bmatrix}\sim\begin{bmatrix}1&2&3&4\\0&-1&-2&-3\\0&-2&-4&-6\\0&-3&-6&-9\end{bmatrix}\sim\begin{bmatrix}1&2&3&4\\0&-1&-2&-3\\0&0&0&0\\0&0&0&0\end{bmatrix}$$

9. $t=3$。提示：

$$[\boldsymbol{\alpha}_1\quad \boldsymbol{\alpha}_2\quad \boldsymbol{\alpha}_3]=\begin{bmatrix}1&2&0\\2&0&-4\\-1&t&5\\1&0&-2\end{bmatrix}\sim\begin{bmatrix}1&2&0\\0&1&1\\0&t+2&5\\0&0&0\end{bmatrix}\sim\begin{bmatrix}1&2&0\\0&1&1\\0&t-3&0\\0&0&0\end{bmatrix}$$

向量组的秩为 $2\Leftrightarrow t=3$

10. $a=-1$。提示：

$$\boldsymbol{A\alpha}=\begin{bmatrix}1&2&-2\\2&1&2\\3&0&4\end{bmatrix}\begin{bmatrix}a\\1\\1\end{bmatrix}=\begin{bmatrix}a\\2a+3\\3a+4\end{bmatrix}$$

$$[\boldsymbol{A\alpha}\ \boldsymbol{\alpha}]=\begin{bmatrix}a&a\\2a+3&1\\3a+4&1\end{bmatrix}\sim\begin{bmatrix}0&a\\2a+2&1\\3a+3&1\end{bmatrix}=\boldsymbol{B}$$

$a=-1$ 时，$\boldsymbol{B}=\begin{bmatrix}0&-1\\0&1\\0&1\end{bmatrix}$，$R(\boldsymbol{A\alpha},\boldsymbol{\alpha})=R(\boldsymbol{A\alpha},\boldsymbol{\alpha})=R(\boldsymbol{B})=1<2$（向量个数），则 $\boldsymbol{A\alpha}$ 与 $\boldsymbol{\alpha}$ 线性相关

11. $k\neq12$

12. 秩为 3，$\boldsymbol{\alpha}_1$、$\boldsymbol{\alpha}_2$、$\boldsymbol{\alpha}_5$ 是它的一个极大线性无关组

13. 基础解系为 $\boldsymbol{\xi}=(0,0,0,1,1)^{\mathrm{T}}$，通解为 $\boldsymbol{x}=k\boldsymbol{\xi}=(0,0,0,k,k)^{\mathrm{T}}$（$k$ 为任意常数）

14. $\boldsymbol{x}=(-8,0,0,-3)^{\mathrm{T}}$

提高练习

1. 解：设有数 x_1、x_2、x_3、x_4，使 $x_1\boldsymbol{\alpha}_1+x_2\boldsymbol{\alpha}_2+x_3\boldsymbol{\alpha}_3+x_4\boldsymbol{\alpha}_4=\boldsymbol{\beta}$

即 $$\begin{bmatrix}1&1&1&1\\0&1&-1&2\\2&3&a+2&4\\3&5&1&a+8\end{bmatrix}\begin{bmatrix}x_1\\x_2\\x_3\\x_4\end{bmatrix}=\begin{bmatrix}1\\1\\b+3\\5\end{bmatrix}$$

$$\boldsymbol{B}=(\boldsymbol{A},\boldsymbol{B})\sim\begin{bmatrix}1&1&1&1&1\\0&1&-1&2&1\\0&0&a+1&0&b\\0&0&0&a+1&0\end{bmatrix}$$

(1)当 $a=-1$，$b\neq0$ 时，方程组无解，此时 $\boldsymbol{\beta}$ 不能表示为 $\boldsymbol{\alpha}_1$、$\boldsymbol{\alpha}_2$、$\boldsymbol{\alpha}_3$、$\boldsymbol{\alpha}_4$ 的线性组合；

(2)当 $a\neq-1$ 时，方程组有唯一的解，此时 $\boldsymbol{\beta}$ 有 $\boldsymbol{\alpha}_1$、$\boldsymbol{\alpha}_2$、$\boldsymbol{\alpha}_3$、$\boldsymbol{\alpha}_4$ 的唯一线性表示，求解线性方程组 $$\begin{cases}x_1+x_2+x_3+x_4=1\\x_2-x_3+2x_4=1\\(a+1)x_3=b\\(a+1)x_4=0\end{cases}$$

解出 $x_4=0,x_3=\dfrac{b}{a+1},x_2=\dfrac{a+b+1}{a+1},x_1=\dfrac{-2b}{a+1}$

则 $\boldsymbol{\beta}=\dfrac{-2b}{a+1}\boldsymbol{\alpha}_1+\dfrac{a+b+1}{a+1}\boldsymbol{\alpha}_2+\dfrac{b}{a+1}\boldsymbol{\alpha}_3+0\boldsymbol{\alpha}_4$

2.提示:利用过渡矩阵可逆

3.提示:$(\boldsymbol{\alpha}_1,\boldsymbol{\alpha}_2,\boldsymbol{\alpha}_3,\boldsymbol{\beta}_1,\boldsymbol{\beta}_2)$,$\begin{bmatrix}1&0&0&2&3\\0&1&0&3&-3\\0&0&1&-1&-2\end{bmatrix}$

$\boldsymbol{\alpha}_1$、$\boldsymbol{\alpha}_2$、$\boldsymbol{\alpha}_3$ 与 $\boldsymbol{e}_1$、$\boldsymbol{e}_2$、$\boldsymbol{e}_3$ 等价,则 $\boldsymbol{\alpha}_1$、$\boldsymbol{\alpha}_2$、$\boldsymbol{\alpha}_3$ 是 $\mathbf{R}^3$ 的一个基,并且 $\boldsymbol{\beta}_1=2\boldsymbol{\alpha}_1+3\boldsymbol{\alpha}_2-\boldsymbol{\alpha}_3,\boldsymbol{\beta}_2=3\boldsymbol{\alpha}_1-3\boldsymbol{\alpha}_2-2\boldsymbol{\alpha}_3$

4.$\boldsymbol{C}=(\boldsymbol{\alpha}_1,\boldsymbol{\alpha}_2,\boldsymbol{\alpha}_3)^{-1}(\boldsymbol{\beta}_1,\boldsymbol{\beta}_2,\boldsymbol{\beta}_3)=\begin{bmatrix}3&1&2\\1&-1&1\\2&0&3\end{bmatrix}$

5.提示:$\boldsymbol{A}=(\boldsymbol{\alpha}_1,\boldsymbol{\alpha}_2,\boldsymbol{\alpha}_3),\boldsymbol{B}=(\boldsymbol{\beta}_1,\boldsymbol{\beta}_2)$,只需证 $R(\boldsymbol{A})=R(\boldsymbol{B})=R(\boldsymbol{A},\boldsymbol{B})$

$$[\boldsymbol{A}\ \boldsymbol{B}]=\begin{bmatrix}0&1&2&1&-1\\1&3&1&2&0\\2&5&0&3&1\end{bmatrix}\sim\begin{bmatrix}1&3&2&1&0\\0&1&2&1&-1\\0&0&0&0&0\end{bmatrix}$$

所以 $R(\boldsymbol{A})=R(\boldsymbol{B})=R(\boldsymbol{A},\boldsymbol{B})$,由此 $\boldsymbol{A}\sim\boldsymbol{B},V_1=V_2$

6.提示:

(1)$\boldsymbol{AP}=(\boldsymbol{Ax},\boldsymbol{A}^2\boldsymbol{x},\boldsymbol{A}^3\boldsymbol{x})=(\boldsymbol{Ax},\boldsymbol{A}^2\boldsymbol{x},3\boldsymbol{Ax}-2\boldsymbol{A}^2\boldsymbol{x})$

$$=(\boldsymbol{x},\boldsymbol{Ax},\boldsymbol{A}^2\boldsymbol{x})\begin{bmatrix}0&0&0\\1&0&3\\0&1&-2\end{bmatrix}=\boldsymbol{PB}$$

故 $\boldsymbol{B}=\begin{bmatrix}0&0&0\\1&0&3\\0&1&-2\end{bmatrix}$

(2)由 $\boldsymbol{A}=\boldsymbol{PBP}^{-1},\boldsymbol{A}+\boldsymbol{E}=\boldsymbol{PBP}^{-1}+\boldsymbol{PP}^{-1}$,所以

$$|\boldsymbol{A}+\boldsymbol{E}|=|\boldsymbol{B}+\boldsymbol{E}|=\begin{vmatrix}1&0&0\\1&1&3\\0&1&-1\end{vmatrix}=-4$$

7.提示:

(1)$\boldsymbol{\beta}$ 可由 $\boldsymbol{\alpha}_1$、$\boldsymbol{\alpha}_2$、$\boldsymbol{\alpha}_3$ 线性表示$\Leftrightarrow(\boldsymbol{\alpha}_1,\boldsymbol{\alpha}_2,\boldsymbol{\alpha}_3)\boldsymbol{x}=\boldsymbol{\beta}$ 有唯一解$\Leftrightarrow\lambda\neq0$,且 $\lambda\neq-3$

(2)$\boldsymbol{\beta}$ 可由 $\boldsymbol{\alpha}_1$、$\boldsymbol{\alpha}_2$、$\boldsymbol{\alpha}_3$ 线性表示,但表达式不唯一$\Leftrightarrow(\boldsymbol{\alpha}_1,\boldsymbol{\alpha}_2,\boldsymbol{\alpha}_3)\boldsymbol{x}=\boldsymbol{\beta}$ 有无穷多解$\Leftrightarrow\lambda=0$

(3)$\boldsymbol{\beta}$ 不能由 $\boldsymbol{\alpha}_1$、$\boldsymbol{\alpha}_2$、$\boldsymbol{\alpha}_3$ 线性表示$\Leftrightarrow(\boldsymbol{\alpha}_1,\boldsymbol{\alpha}_2,\boldsymbol{\alpha}_3)\boldsymbol{x}=\boldsymbol{\beta}$ 无解,$\lambda=-3$

8.提示:(1)$k\neq-1,4$ 时,有唯一解

$x_1=\dfrac{k^2+2k}{1+k},x_2=\dfrac{k^2+2k+4}{1+k},x_3=\dfrac{-2k}{1+k}$

(2)$k=-1$ 时,无解

(3)$k=4$ 时有无穷多解,全部解为 $\boldsymbol{x}=\begin{bmatrix}0\\4\\0\end{bmatrix}+k\begin{bmatrix}-3\\-1\\1\end{bmatrix}$($k$ 为任意常数)

考研连线

1. C

2. 4(提示:$\boldsymbol{\beta}=-3c\boldsymbol{\alpha}_1+(4-c)\boldsymbol{\alpha}_2+c\boldsymbol{\alpha}_3$,$c$ 为任意常数)

3. 提示:设 $\boldsymbol{A}=(\boldsymbol{\alpha}_1,\boldsymbol{\alpha}_2)$,$\boldsymbol{B}=(\boldsymbol{\beta}_1,\boldsymbol{\beta}_2,\boldsymbol{\beta}_3)$,证明 $R(\boldsymbol{A})=R(\boldsymbol{B})=R(\boldsymbol{A},\boldsymbol{B})$ 即可

第5章

基础练习

1. 因为 $\cos\theta=\dfrac{\langle\boldsymbol{\alpha},\boldsymbol{\beta}\rangle}{\|\boldsymbol{\alpha}\|\,\|\boldsymbol{\beta}\|}=\dfrac{18}{3\sqrt{2}\times 6}=\dfrac{1}{\sqrt{2}}$,所以 $\theta=\dfrac{\pi}{4}$

2. $\dfrac{3}{4}$

3. 略

4. 设非零向量 $\boldsymbol{\alpha}_2$、$\boldsymbol{\alpha}_3$ 都与 $\boldsymbol{\alpha}_1$ 正交,即满足方程 $\boldsymbol{\alpha}_1{}^{\mathrm{T}}\boldsymbol{x}=\boldsymbol{0}$ 或者 $x_1+x_2+x_3=0$,其基础解系为$\boldsymbol{\xi}_1=\begin{bmatrix}1\\0\\-1\end{bmatrix}$,$\boldsymbol{\xi}_2=\begin{bmatrix}0\\1\\-1\end{bmatrix}$ 令 $\boldsymbol{\alpha}_1=\begin{bmatrix}1\\1\\1\end{bmatrix}$,$\boldsymbol{\alpha}_2=\boldsymbol{\xi}_1=\begin{bmatrix}1\\0\\-1\end{bmatrix}$,$\boldsymbol{\alpha}_3=\boldsymbol{\xi}_2=\begin{bmatrix}0\\1\\-1\end{bmatrix}$

(1)正交化

令 $\boldsymbol{\beta}_1=\boldsymbol{\alpha}_1=\begin{bmatrix}1\\1\\1\end{bmatrix}$,$\boldsymbol{\beta}_2=\boldsymbol{\alpha}_2-\dfrac{[\boldsymbol{\beta}_1,\boldsymbol{\alpha}_2]}{[\boldsymbol{\beta}_1,\boldsymbol{\beta}_1]}\boldsymbol{\beta}_1=\boldsymbol{\alpha}_2=\begin{bmatrix}0\\1\\-1\end{bmatrix}$,

$$\boldsymbol{\beta}_3=\boldsymbol{\alpha}_3-\frac{[\boldsymbol{\beta}_1,\boldsymbol{\alpha}_3]}{[\boldsymbol{\beta}_1,\boldsymbol{\beta}_1]}\boldsymbol{\beta}_1-\frac{[\boldsymbol{\beta}_2,\boldsymbol{\alpha}_3]}{[\boldsymbol{\beta}_2,\boldsymbol{\beta}_2]}\boldsymbol{\beta}_2=\boldsymbol{\alpha}_3-\frac{[\boldsymbol{\beta}_2,\boldsymbol{\alpha}_3]}{[\boldsymbol{\beta}_2,\boldsymbol{\beta}_2]}\boldsymbol{\beta}_2=\frac{1}{2}\begin{bmatrix}-1\\2\\-1\end{bmatrix}$$

(2)单位化

令 $\boldsymbol{\xi}_i=\dfrac{1}{\|\boldsymbol{\beta}_i\|}\boldsymbol{\beta}_i$,则 $\boldsymbol{\xi}_1=\dfrac{1}{\sqrt{3}}\begin{bmatrix}1\\1\\1\end{bmatrix}$,$\boldsymbol{\xi}_2=\dfrac{1}{\sqrt{2}}\begin{bmatrix}1\\0\\-1\end{bmatrix}$,$\boldsymbol{\xi}_3=\dfrac{1}{2\sqrt{6}}\begin{bmatrix}-1\\2\\-1\end{bmatrix}$

5. 由 $|\boldsymbol{A}-\lambda\boldsymbol{E}|=\begin{vmatrix}1-\lambda & -2 & 2\\-2 & -2-\lambda & 4\\2 & 4 & -2-\lambda\end{vmatrix}=-(\lambda-2)^2(\lambda+7)$,得 $\lambda_1=\lambda_2=2$,$\lambda_3=-7$,将 $\lambda_1=\lambda_2=2$ 代入 $(\boldsymbol{A}-\lambda_1\boldsymbol{E})\boldsymbol{x}=\boldsymbol{0}$,得方程组

$\begin{cases}-x_1-2x_2+2x_3=0\\-2x_1-4x_2+4x_3=0\\2x_1+4x_2-4x_3=0\end{cases}$，解之得基础解系 $\boldsymbol{\alpha}_1=\begin{bmatrix}2\\0\\1\end{bmatrix}$，$\boldsymbol{\alpha}_2=\begin{bmatrix}0\\1\\1\end{bmatrix}$

同理，对 $\lambda_3=-7$，由 $(\boldsymbol{A}-\lambda_3\boldsymbol{E})\boldsymbol{x}=\boldsymbol{0}$，求得基础解系 $\boldsymbol{\alpha}_3=(1,2,-2)^{\mathrm{T}}$

由于 $\begin{vmatrix}2&0&1\\0&1&2\\1&1&-2\end{vmatrix}\neq0$，所以 $\boldsymbol{\alpha}_1$、$\boldsymbol{\alpha}_2$、$\boldsymbol{\alpha}_3$ 线性无关，即 $\boldsymbol{A}$ 有 3 个线性无关的特征向量，因而 $\boldsymbol{A}$ 可对角化。

可逆矩阵为：$\boldsymbol{P}=(\boldsymbol{\alpha}_1,\boldsymbol{\alpha}_2,\boldsymbol{\alpha}_3)=\begin{bmatrix}2&0&1\\0&1&2\\1&1&2\end{bmatrix}$

6. 第 1 步，写出对应的二次型矩阵，并求其特征值

$$\boldsymbol{A}=\begin{bmatrix}17&-2&-2\\-2&14&-4\\-2&-4&14\end{bmatrix},|\boldsymbol{A}-\lambda\boldsymbol{E}|=\begin{bmatrix}17-\lambda&-2&-2\\-2&14-\lambda&-4\\-2&-4&14-\lambda\end{bmatrix}=(\lambda-18)^2(\lambda-9)$$

从而 $\boldsymbol{A}$ 的全部特征值为 $\lambda_1=9,\lambda_2=\lambda_3=18$。

第 2 步，求特征向量

将 $\lambda_1=9$ 代入 $(\boldsymbol{A}-\lambda\boldsymbol{E})\boldsymbol{x}=\boldsymbol{0}$，得基础解系 $\boldsymbol{\xi}_1=\left(\frac{1}{2},1,1\right)^{\mathrm{T}}$；

将 $\lambda_2=\lambda_3=18$ 代入 $(\boldsymbol{A}-\lambda\boldsymbol{E})\boldsymbol{x}=\boldsymbol{0}$，得基础解系 $\boldsymbol{\xi}_2=(-2,1,0)^{\mathrm{T}}$，$\boldsymbol{\xi}_3=(-2,0,1)^{\mathrm{T}}$

第 3 步，将特征向量正交化

取 $\boldsymbol{\alpha}_1=\boldsymbol{\xi}_1$，$\boldsymbol{\alpha}_2=\boldsymbol{\xi}_2$，$\boldsymbol{\alpha}_3=\boldsymbol{\xi}_3-\frac{[\boldsymbol{\alpha}_2,\boldsymbol{\xi}_3]}{[\boldsymbol{\alpha}_2,\boldsymbol{\alpha}_2]}\boldsymbol{\alpha}_2$；

得到正交向量组 $\boldsymbol{\alpha}_1=\left(\frac{1}{2},1,1\right)^{\mathrm{T}}$，$\boldsymbol{\alpha}_2=(-2,1,0)^{\mathrm{T}}$，$\boldsymbol{\alpha}_3=\left(-\frac{2}{5},-\frac{4}{5},1\right)^{\mathrm{T}}$

第 4 步，将正交向量组单位化，得正交矩阵 $\boldsymbol{P}$

令 $\boldsymbol{\eta}_1=\frac{\boldsymbol{\alpha}_i}{\|\boldsymbol{\alpha}_i\|}(i=1,2,3)$，得 $\boldsymbol{\eta}_1=\begin{bmatrix}\frac{1}{3}\\\frac{2}{3}\\\frac{2}{3}\end{bmatrix}$，$\boldsymbol{\eta}_2=\begin{bmatrix}-\frac{2}{\sqrt{5}}\\\frac{1}{\sqrt{5}}\\0\end{bmatrix}$，$\boldsymbol{\eta}_3=\begin{bmatrix}-\frac{2}{\sqrt{45}}\\-\frac{4}{\sqrt{45}}\\\frac{5}{\sqrt{45}}\end{bmatrix}$，所以

$$\boldsymbol{P}=\begin{bmatrix}\frac{1}{3}&-\frac{2}{\sqrt{5}}&-\frac{2}{\sqrt{45}}\\\frac{2}{3}&\frac{1}{\sqrt{5}}&-\frac{4}{\sqrt{45}}\\\frac{2}{3}&0&\frac{5}{\sqrt{45}}\end{bmatrix}$$

于是所求正交变换为 $\begin{bmatrix}x_1\\x_2\\x_3\end{bmatrix}=\begin{bmatrix}\frac{1}{3} & -\frac{2}{\sqrt{5}} & -\frac{2}{\sqrt{45}}\\ \frac{2}{3} & \frac{1}{\sqrt{5}} & -\frac{4}{\sqrt{45}}\\ \frac{2}{3} & 0 & \frac{5}{\sqrt{45}}\end{bmatrix}\begin{bmatrix}y_1\\y_2\\y_3\end{bmatrix}$

且有 $f=9y_1^2+18y_2^2+18y_3^2$

7. $f(x_1,x_2,x_3)$的矩阵为 $\begin{bmatrix}5 & 2 & -4\\ 2 & 1 & -2\\ -4 & -2 & 5\end{bmatrix}$

它的所有顺序主子式 $5>0$，$\begin{vmatrix}5 & 2\\ 2 & 1\end{vmatrix}=1>0$，$\begin{vmatrix}5 & 2 & -4\\ 2 & 1 & -2\\ -4 & -2 & 5\end{vmatrix}=1>0$

所以 $f(x_1,x_2,x_3)$是正定的。

提高练习

1. 由 $\boldsymbol{A}^2=\boldsymbol{A}$ 可得 $\boldsymbol{A}$ 的特征值是 0 或者 1，又 $\boldsymbol{A}$ 是实对称矩阵且秩为 r，故存在可逆矩阵 $\boldsymbol{P}$ 使得：

$\boldsymbol{P}^{-1}\boldsymbol{AP}=\begin{bmatrix}\boldsymbol{E}_r & 0\\ 0 & 0\end{bmatrix}=\boldsymbol{\Lambda}$，其中 $\boldsymbol{E}_r$ 是 r 阶单位矩阵，

从而，$\det(2\boldsymbol{E}-\boldsymbol{A})=\det(2\boldsymbol{PP}^{-1}-\boldsymbol{P\Lambda P}^{-1})=\det(2\boldsymbol{E}-\boldsymbol{\Lambda})=\det\begin{bmatrix}\boldsymbol{E}_r & 0\\ 0 & 2\boldsymbol{E}_{n-r}\end{bmatrix}=2^{n-r}$

2. 由 $|\boldsymbol{A}-\lambda\boldsymbol{E}|=\begin{vmatrix}4-\lambda & 6 & 0\\ -3 & -5-\lambda & 0\\ -3 & -6 & 1-\lambda\end{vmatrix}=-(\lambda-1)^2(\lambda+2)$

得 $\boldsymbol{A}$ 的全部特征值为：$\lambda_1=\lambda_2=1,\lambda_3=-2$

将 $\lambda_1=\lambda_2=1$ 代入$(\boldsymbol{A}-\lambda\boldsymbol{E})\boldsymbol{x}=\boldsymbol{0}$ 得方程组

$\begin{cases}3x_1+6x_2=0\\ -3x_1-6x_2=0\\ -3x_1-6x_2=0\end{cases}$，解之得基础解系 $\boldsymbol{\xi}_1=\begin{bmatrix}-2\\1\\0\end{bmatrix}$，$\boldsymbol{\xi}_2=\begin{bmatrix}0\\0\\1\end{bmatrix}$

同理将$\lambda_3=-2$ 代入$(\boldsymbol{A}-\lambda\boldsymbol{E})\boldsymbol{x}=\boldsymbol{0}$ 得方程组的基础解系 $\boldsymbol{\xi}_3=(-1,1,1)^{\mathrm{T}}$

由于$|\boldsymbol{\xi}_1\ \boldsymbol{\xi}_2\ \boldsymbol{\xi}_3|=\begin{vmatrix}-2 & 0 & -1\\ 1 & 0 & 1\\ 0 & 1 & 1\end{vmatrix}\neq 0$，所以 $\boldsymbol{\xi}_1$、$\boldsymbol{\xi}_2$、$\boldsymbol{\xi}_3$ 线性无关。

令 $\boldsymbol{P}=(\boldsymbol{\xi}_1,\boldsymbol{\xi}_2,\boldsymbol{\xi}_3)=\begin{bmatrix}-2 & 0 & -1\\ 1 & 0 & 1\\ 0 & 1 & 1\end{bmatrix}$，则有$\boldsymbol{P}^{-1}\boldsymbol{AP}=\begin{bmatrix}1 & 0 & 0\\ 0 & 1 & 0\\ 0 & 0 & -2\end{bmatrix}$

3. 第 1 步，求 $\boldsymbol{A}$ 的全部特征值

由$|\boldsymbol{A}-\lambda\boldsymbol{E}|=\begin{vmatrix}2-\lambda & -2 & 0\\ -2 & 1-\lambda & -2\\ 0 & -2 & -\lambda\end{vmatrix}=(4-\lambda)(\lambda-1)(\lambda+2)$，得 $\lambda_1=4,\lambda_2=1,\lambda_3=-2$

第 2 步，由$(\boldsymbol{A}-\lambda_1\boldsymbol{E})\boldsymbol{x}=\boldsymbol{0}$ 求出 $\boldsymbol{A}$ 的特征向量

对 $\lambda_1=4$，由$(\boldsymbol{A}-4\boldsymbol{E})\boldsymbol{x}=\boldsymbol{0}$，得$\begin{cases}2x_1+2x_2=0\\ 2x_1+3x_2+2x_3=0\\ 2x_2+4x_3=0\end{cases}$，解之得基础解系，$\boldsymbol{\xi}_1=\begin{bmatrix}-2\\ 2\\ -1\end{bmatrix}$

对$\lambda_2=1$，由$(\boldsymbol{A}-\boldsymbol{E})\boldsymbol{x}=\boldsymbol{0}$，得$\begin{cases}-x_1+2x_2=0\\ 2x_1+2x_3=0\\ 2x_2+x_3=0\end{cases}$，解之得基础解系，$\boldsymbol{\xi}_2=\begin{bmatrix}2\\ 1\\ -2\end{bmatrix}$

对 $\lambda_3=-2$，由$(\boldsymbol{A}+2\boldsymbol{E})\boldsymbol{x}=\boldsymbol{0}$，得$\begin{cases}-4x_1+2x_2=0\\ 2x_1-3x_2+2x_3=0\\ 2x_2-2x_3=0\end{cases}$，解之得基础解系 $\boldsymbol{\xi}_3=\begin{bmatrix}1\\ 2\\ 2\end{bmatrix}$

第 3 步，将特征向量正交化

由于 $\boldsymbol{\xi}_1$、$\boldsymbol{\xi}_2$、$\boldsymbol{\xi}_3$ 属于 $\boldsymbol{A}$ 的 3 个不同的特征值 λ_1、λ_2、λ_3 的特征向量，故它们必两两正交

第 4 步，将特征向量单位化

令 $\boldsymbol{\eta}_i=\dfrac{\boldsymbol{\xi}_i}{\|\boldsymbol{\xi}_i\|}$，$i=1,2,3$，得 $\boldsymbol{\eta}_1=\begin{bmatrix}-\frac{2}{3}\\ \frac{2}{3}\\ -\frac{1}{3}\end{bmatrix}$，$\boldsymbol{\eta}_2=\begin{bmatrix}\frac{2}{3}\\ \frac{1}{3}\\ -\frac{2}{3}\end{bmatrix}$，$\boldsymbol{\eta}_3=\begin{bmatrix}\frac{1}{3}\\ \frac{2}{3}\\ \frac{2}{3}\end{bmatrix}$

作 $\boldsymbol{P}=(\boldsymbol{\eta}_1,\boldsymbol{\eta}_2,\boldsymbol{\eta}_3)=\dfrac{1}{3}\begin{bmatrix}-2 & 2 & 1\\ 2 & 1 & 2\\ -1 & -2 & 2\end{bmatrix}$，则 $\boldsymbol{P}^{-1}\boldsymbol{AP}=\begin{bmatrix}4 & 0 & 0\\ 0 & 1 & 0\\ 0 & 0 & -2\end{bmatrix}$

4. 由于所给二次型不含平方项，故令$\begin{cases}x_1=y_1-y_2\\ x_2=y_1+y_2\\ x_3=y_3\end{cases}$，于是有 $f=(y_1+y_3)^2-y_2^2-y_3^2$

再令$\begin{cases}z_1=y_1+y_2\\ z_2=y_2\\ z_3=y_3\end{cases}$ 或 $\begin{cases}y_1=z_1+z_3\\ y_2=z_2\\ y_3=z_3\end{cases}$ 得标准形 $f=z_1^2-z_2^2-z_3^2$

故所用线性变换为$\begin{cases}x_1=z_1-z_2-z_3\\ x_2=z_1+z_2-z_3\\ x_3=z_3\end{cases}$

5. f 的矩阵为 $\boldsymbol{A}=\begin{bmatrix}-5 & 2 & 2\\ 2 & -6 & 0\\ 2 & 0 & -4\end{bmatrix}$

由于 $a_{11}=-5<0$，$\begin{vmatrix} a_{11} & a_{12} \\ a_{21} & a_{22} \end{vmatrix}=\begin{vmatrix} -5 & 2 \\ 2 & -6 \end{vmatrix}=26>0$，$|\boldsymbol{A}|=-80<0$，所以 f 为负定的。

考研连线

1. $c=3$　2. $-\sqrt{2}<t<\sqrt{2}$

3. (1) $a=0$　(2) $\boldsymbol{Q}=(\boldsymbol{\alpha}_1,\boldsymbol{\alpha}_2,\boldsymbol{\alpha}_3)=\begin{bmatrix} -\frac{1}{\sqrt{2}} & \frac{1}{\sqrt{2}} & 0 \\ \frac{1}{\sqrt{2}} & \frac{1}{\sqrt{2}} & 0 \\ 0 & 0 & 1 \end{bmatrix}$，$f(x_1,x_2,x_3)=2y_2^2+2y_3^2$